U0396740

食品店品牌与空间设计

The Food Store: Interior Designs & Branding Concepts

［意］保罗·埃米利奥·贝利萨里奥 (Paolo Emilio Bellisario) / 编

潘潇潇 / 译

广西师范大学出版社
· 桂林 ·

images
Publishing

目录

前　言

保罗·埃米利奥·贝利萨里奥　　意大利设计师，米兰欧洲设计学院（IED）室内设计硕士课程教授。他是 NINE 联合事务所的创始人之一，曾是 ZO-loft architecture & design 的联合创始人和首席执行官，《Cityvision》杂志的编辑和对外联络负责人。

保罗·埃米利奥·贝利萨里奥曾为多本书籍和杂志撰写过文章，并组织过各种展览、讨论会和国际比赛，主题涉及全球本土化、城市乌托邦等。他曾多次荣获重要的国际奖项，并作为特邀设计师在诸多国际展览中展出自己的作品。

"在旧金山或巴黎你无法做同样的事情。重要的是实体和它的背景，这就是为什么我需要在设计之前进行非常细致的分析工作：研究历史、文学、地理、诗歌和哲学…… 我们必须不断提出新的解决方案，书籍可以在这一过程中为我们提供帮助。"

——盖·奥兰蒂（Gae Aulenti）

我之所以在文章开头引述了盖·奥兰蒂的观点，是因为它概括了我及一位在意大利工作的著名女性建筑师关于设计的想法——这位建筑师因其创意设计而享誉国内外，并具有回溯过去、面向未来的前瞻性眼光。

品牌形象对于一家食品店来说至关重要，拥有自己的特色——不管是什么特色——是一件非常重要的事情。人们希望借助品牌定位自己，而品牌也必须有自己的个性，并相信消费者会认同自己。同样的，食品店必须有与品牌形象相吻合的特色。当顾客走进其中时，食品店必须表达出同样的信念。这就意味着品牌形象要与购物体验相匹配。

在 Google、Pinterest、Instagam、Facebook 等逐渐取代书籍和专业杂志的时代，以互联网和社交网络作为项目灵感来源的趋势日益明显——这些平台提供的信息帮助设计师完善专业技能，使他们的观念、工作板、策略、设计语言及项目品质标准化，造成了很多所谓"流行"的相似的设计，再加上现实与创新之间存在着矛盾，这使得大多数商家认为自己很难摆脱竞争对手。

那又该怎么办呢？

首先要以店铺为媒介进行判断和学习，其次要建立店铺与区域的联系。一方面，设计师必须有能力解读项目概要，分析品牌的竞争对手，了解品牌的价值，感知市场变化，并找出最为灵活、可扩展和可重复的解决方案。另一方面，正如盖·奥兰蒂一直在强调的，回溯实体背景和当地的历史，关注当地技术和特有工艺，或是简单地分析社会和人们的需求、习惯，已经成为接手零售项目的设计师的基本出发点。对这些"数据"进行解读使设计师能够提出独特的创意策略及个性化的表述性语言，并以创新的方式向顾客描述"品牌体验"。当零售设计师与一家初创公司或一个亟待更新的品牌合作时，这种设计态度变得愈发重要，因为他们将通过设计积极地抒写品牌的新故事。

"人们买的不是你的产品，而是你的信念。"西蒙·斯涅克（Simon Sinek）在 2009 年的一次著名演讲中这样说道。他的观点在今天仍然适用，因为消费者对产品背后的故事越来越感兴趣，而不再像以前一样只关注他们购买的产品。

多数品牌都会对他们"做的是何种产品"进行描述，却很少有品牌会对"为什么要做这种产品"进行更加深入的探讨，如今他们需要寻找的是认同他们信念的人。品牌可以为顾客提供最好的产品及所有产品的信息，但是如果客户不信任这个品牌，那这些就毫无价值了。在创建售前零售体验时，设计师应当将关注点放在品牌理念的推广上，为顾客提供他们付出时间和金钱的理由。顾客必须获得轻松、舒适的环境体验，但最重要的是在进入食品店消费时他们可以获得并认同品牌想要传达的理念。

但是这种认同感是如何产生的呢？

顾客可以获得怀旧、惊喜等各种情感体验，但从根本上来说他们必须认同品牌，并赋予品牌以象征意义，这得益于品牌能够激发出的感受、形象、认知。店内体验的个性化会使顾客产生认同感。商家知道当消费者走进店内时，他们希望找到一些特别的、难忘的东西，并将它们分享到社交媒体上。消费者正在寻找"紫牛"——具有生命力的产品或服务应该像奶牛群中冒出的紫牛一样，让人眼前一亮 [赛斯·高汀（Seth Godin）]。在当今社会，消费者已经可以拥有他们想要的一切，他们只需做出选择。

但是他们的时间有限，最重要的是他们没有时间去看广告，所以"紫牛"成了一种积极的市场营销策略，它像传播病毒一样将产品从"御宅族"逐步推向其他更大的消费群。

"紫牛"策略不是捷径，却是获得效果最佳的途径，或许也是唯一的途径。我们无从知晓"紫牛"策略是否会成功，但在竞争激烈的市场环境下，最好的选择是脱颖而出，因为追随别人的脚步就意味着失败。因此，设计师的新任务是将品牌想要传达的理念转化成引人瞩目的立体环境，让消费者可以走进这个环境，并与品牌产生互动。

这是一种以人为本的创新型多学科方法：不仅关注空间设计，还关注用户体验。设计师必须能够准确地分析项目的特点，并

在空间提升和服务设计方面提供最佳的解决方案。委托方希望设计师打造可以传达强烈感情的空间，并结合家具、灯光和色彩等。如果方法得当，设计师将会为顾客创造出非凡的零售体验，而人们会成为品牌的忠实顾客，并向其他人推荐这个品牌。

案例赏析

Gaudenti 1971—Vittorio Emanuele II

lamatilde

意大利，都灵市

294 平方米

2017 年

该项目设计的出发点是打造一家尊重意大利糖果文化的传统价值并积极寻求创新的食品店。因此，设计团队决定对现有元素进行翻新，使它们系统地融入到新的装饰中。他们为每个场地设计了不同的图形主题，并对原装饰风格进行重新诠释，但仍然保留天鹅绒和蓝色元素以确保人们可以一眼辨识出该品牌。

店内所有具有历史价值的元素均得以修复和强化，而那些影响空间利用率的元素则被赋予了新的功能，例如窗口变成了小型休息区。扩建结构均是定制设计的，例如与传统木制镶板形成对比的宇宙飞船造型的柜台。专门为品牌设计的双层桌子虽然简单，却带有创新色彩——咖啡桌和等候餐桌之间的区域可供顾客停留并进行产品展示。这家食品店拥有设施完备的大型备餐间，其售卖的食品均是手工制作的。

设计团队将旧装饰与新元素融合在一起，因此这家食品店并不是一个古老的空间，而是一个全新的场所，并能够以一种意想不到的巧妙方式与传统进行对话。

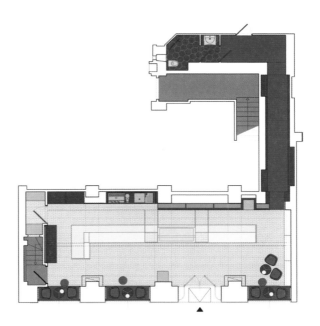

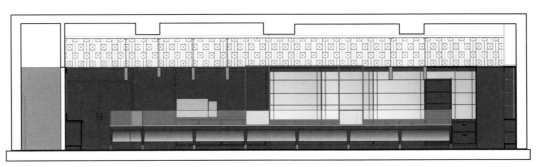

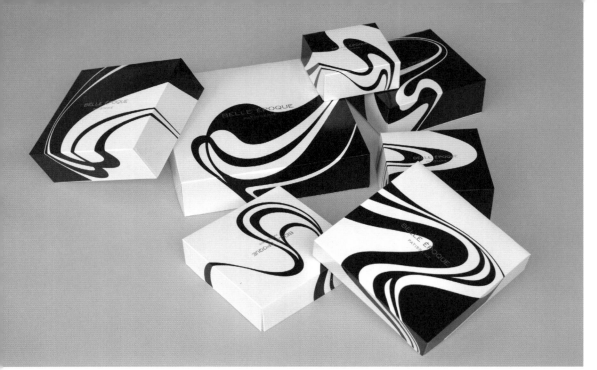

Belle Époque 烘焙店

Mind Design
英国，伦敦市
60 平方米
2014 年

该项目是一家位于伦敦市的法式烘焙店。其品牌形象是以英国新艺术派艺术家奥布里·比尔兹利（Aubrey Beardsley）的画作为基础设计的。品牌标识相对简单，重点是突出图案和摄影。排印工艺排版将新艺术运动与 20 世纪 60 年代的嬉皮士运动联系起来。除了整体印刷、网页制作、包装设计、标识设计和室内设计工作之外，Mind Design 还提出了一种拍照理念，将食物与这家食品店的整体形象联系起来。

从外面看上去，这家食品店是黑色的。大扇落地窗将店内空间展现给过路者。店内摆满了各种食品，洋溢着浓郁的香甜味道。照明设计非常贴心，使整个店面看起来非常通透明亮。另外，户外用餐区还放有木制座椅，供消费者边用餐边欣赏户外的风景。

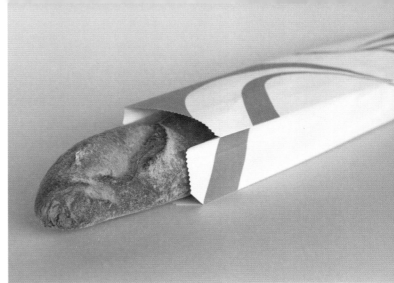

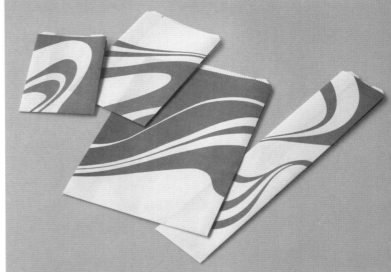

Coconut Pastelería 烘焙店

Nihil Estudio

西班牙，托伦特市

190 平方米

2017 年

该项目的设计宗旨是融合传统和前卫的元素，使工作空间更加宽敞、舒适并具有美感，因此 Nihil Estudio 设计了一个面向公众的制作间——用玻璃作分隔，将糕点的制作过程毫无保留地展现给顾客，并将自然光引入工作区，使街边的路人也可以看到烘焙过程。设计团队将店面对外打开，在视觉上延续空间，同时也能保护员工的隐私。另一方面，烘焙店的玻璃墙上也有象征烘焙店的设计元素：悬挂着的糕点篮子使人们联想到最传统的糕点店，同时还可起到点缀柜台的作用。

设计师使用了三个层次的材料、纹理和色彩对空间进行横向分割，其灵感来源于烘焙师做蛋糕时会用不同的色彩来分层。店内的花砖墙和天花板使人们联想到甜品的点缀和装饰部分。Nihil Estudio 将开放空间留给公众，并把工作区域设计得富有美

感，不仅给前来品尝美食的人们带来舒适感，也让这里的员工充满愉悦感。

传统与前卫之间的联系从糕点延伸到平面设计。Nihil Estudio 结合不同的设计技巧，在保证设计风格统一的同时将其分成刚性的部分和流动的部分，字体和颜色两个系统的搭配也很和谐。设计团队还完成了便签、卡片、员工服装，以及蛋糕包装和咖啡杯的设计。Nihil Estudio 为客户提供的是全方位的服务，他们将糕点制作的本质融入到所有的相关设计中。

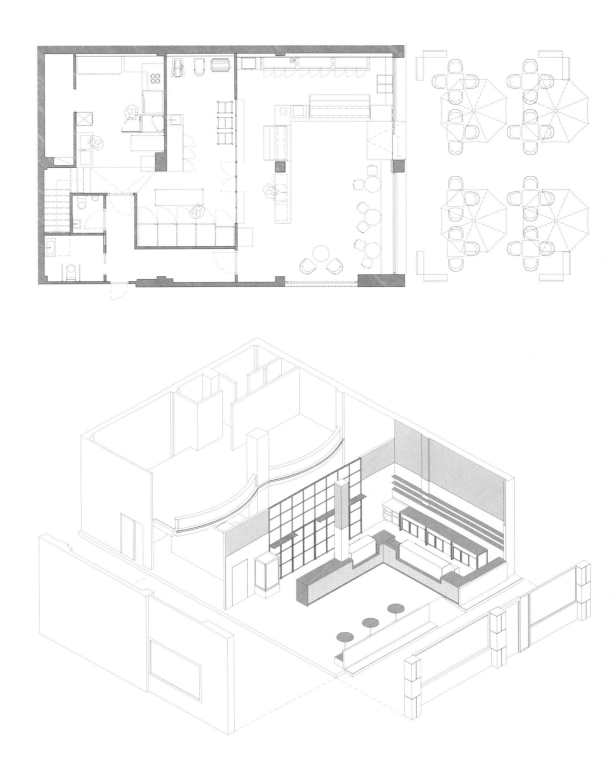

麵粉和言烘焙店

Pentagram

中国，台北市

155 平方米

2017 年

麵粉和言烘焙店位于台北市，提供各种烘焙食物、特色食品和饮料，用有机食材烹制美味，并以此为卖点。Pentagram 为这家烘焙店打造品牌设计，将同名食材转化成标志性的品牌形象。设计内容包括为烘焙店命名、店内设计、平面造型及包装设计。

Pentagram 协助开发了品牌连锁店的名称。简单的"麵粉和言"表现出烘焙食品及其成分的纯度和天然性。在中文中，"言"字代表了对话。品牌标识直接由"面粉"和"盐"的简单图形构成——两个不同的图形分别代表面粉颗粒和盐晶。色彩搭配用到了实用的黑色和白色，如包装上所见。现代风格的观感使其从同类店铺中脱颖而出，设计团队所采用的大地色调将"有机"这一理念呈现给顾客。烘焙店内部的设计也是由 Pentagram 设计团队负责的。定制瓷砖和霓虹吊灯也

使用了标识造型。设计团队还创建了一套食品和饮料的象形符号，它们出现在定制的黑白壁纸中，并被刻在木制面板上。店面招牌十分低调，标识仅出现在烘焙店的外立面和主柜台的磁力菜单板上。

作为室内设计的一部分，设计团队对烘焙店的布局进行了构思。店铺内部是一个巨大而开放的市场化空间，大致分为几个不同的区域，零售和产品展示区与用餐区连在一起。零售区位于服务台的远端，顾客可以在腌制的肉类、三明治、果汁、咖啡和糕点之间做出选择。

快捷吧台用餐区与外立面的玻璃窗对齐，时间充裕的顾客可以坐在后方的长凳上用餐。

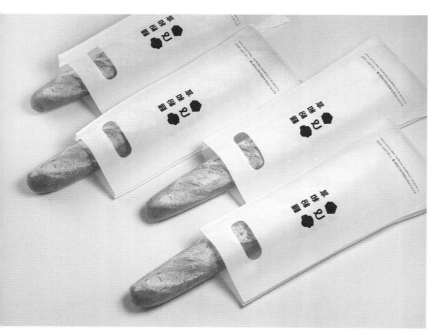

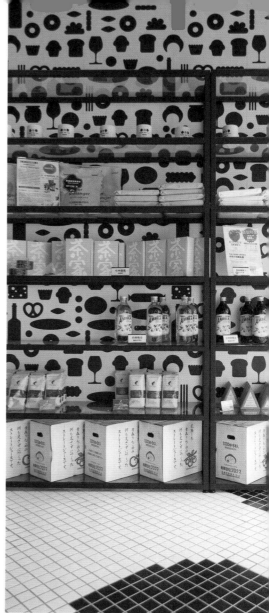

烘焙之家

Blacksheep
阿拉伯联合酋长国，迪拜市
92 平方米
2014 年

人们对烘培有着与生俱来的热爱，吃甜品这个简单的行为可以给人们带来美好的感受，业主认为烘焙之家就是因此而诞生的。Blacksheep 接受品牌方的委托，设计了一套可以广泛应用于包装及附加产品的品牌标识，并负责店铺的室内设计工作。

Blacksheep 以品牌的核心价值观"简单的放纵"为基础打造了这家烘焙店的品牌基因，并由此设计了视觉标识，同时使用了三种不同的设计元素，这些元素均来自人们在吃甜品时获得的情绪和感官上的愉悦体验。这些元素由文字商标、品牌标志和定制梯度组成。品牌的商标是用一组独特的手绘字体完成的，这些字体参考了用于文学领域的经典字体，通过文字商标的不规则性告诉人们：店内的甜品均是手工制作的。

室内空间设计需要反映品牌的历史和价值。Blacksheep
意识到，这家烘焙店应当尽可能地给顾客带来家一样
的感受。他们在空间的内部框架下设计了一个类似住
宅的结构，营造温馨、舒适的氛围。这个结构也充当
了功能设计元素，通过结构内弯打造出板凳座椅。顾
客可以透过窗户和半透明的框架看到厨房内的景象，
观看食品的制作过程。

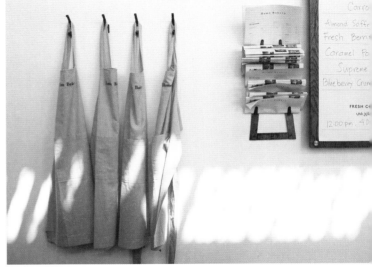

Lust auf Vollkorn 概念店

TOC. designstudio
德国，魏森施塔特市
200 平方米
2015 年

对于那些喜欢天然食物的人们来说，这是一个独特的世界——占地 200 平方米的 Lust auf Vollkorn 概念店对传统的价值观进行了现代的诠释，同时展示了 Pema 和 Leupoldt 的品牌理念。两个品牌回顾了各自 100 多年的历史——Pema 是一个专业的全麦面包品牌，而 Leupoldt 则是一家传统姜饼制造商。

新的设计对注重传统、优质的食材、简单的食谱及现代的环境等企业价值观进行了诠释。TOC. designstudio 将天然的材料、现代的结构和精细的图形组合在一起，同时选用棕色和金色等暖色营造高雅的就餐环境。店内的桌子既可用作产品展示台，也可用作餐桌。顾客可以一边品尝食物，一边研究货架上的产品。如果客人喜欢某种产品，他们可以立即将其带回家。Lust auf Vollkorn 概念店成功地唤醒了人们对全麦面包的渴望。

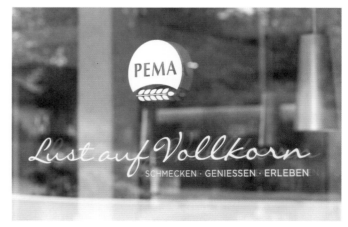

蜜 糖

无中生有工作室
（Out of Thin Air Studio）

中国，宁波市

80 平方米

2017 年

蜜糖法式西点店在店面设计上以甜点和糖作为灵感。设计团队经过实地考察，对周边环境进行分析，决定打造一个淡雅的内部空间。针对主要消费群体，设计团队特别设计了适合小朋友的卡座区、闺蜜下午茶的拼桌区以及"单身狗"们的吧台区。

店内的整体风格做了大量减法，主外观的设计上摒弃了全落地玻璃的常规设计，取而代之的是与吧台平齐的折叠窗以及全敞开的入口，并以亮黄色烤漆加以渲染，从而让吃货们可以从远处就能看到店铺。

店铺面积不算太大，于是设计团队在吧台区域安装了折叠窗——当它们全部开启时，店内与店外互相联通，空气、声音、气氛都在同步，起到了从视觉上扩大店铺面积的效果。空间内有两大立柱，设计师利用立柱之间的距离，设置了 4 个活动餐位，

可拼桌，也可单坐。立柱的周围有一圈高透钢化玻璃，玻璃面可供商户张贴品牌信息和活动公告，起到品牌宣传的作用。

地面使用水泥地坪漆，但在中心立柱周边，设计师却巧妙地设置了蜂窝砖。入口处的吧台区整体呈现性冷淡风，无论石材、墙面、木门、器具均是白色的，吧台使用的也是同色系的天然大理石。

整个店面充满了法式风情，而精美的甜品总是因其独特的创造性而让来访的顾客感到惊喜。

Laura's 烘焙店

Johannes Torpe Studios
丹麦，哥本哈根市
75 平方米
2015 年

这家温馨的精品烘焙店位于哥本哈根的 Vaernedamsvej 街上。狭小的空间充分利用模块化的设计理念，留出了两个座椅区。

Laura's 是一个连锁烘焙品牌。品牌设计表达了对祖母制作的糕点味道的想念之情，并结合了现代都市氛围和简约的斯堪的纳维亚美学。自第一家烘焙店开业以来，这一概念已扩展至多个地点。设计团队与客户一同打造品牌，完成品牌创建、视觉标识和室内设计。

很多烘焙店都会展示自己的蛋糕类产品，而面包则静静地躺在后面的架子上。设计团队想将面包推到前面，使其成为空间的焦点。Laura's 烘焙店运用精湛的技术和最好的食材制作高品质的面包和蛋糕，为了体现产品的天然性，设计团队选用了实木、混凝土、钢材等最基本的材料。

Laura's 烘焙店的视觉标识被彻底概念化，并被应用到室内设计、平面设计和包装设计中。包装内部的鲜亮颜色与包装外观的朴素色调互为补充，创造出完整的品牌体验。

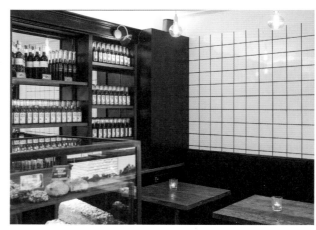

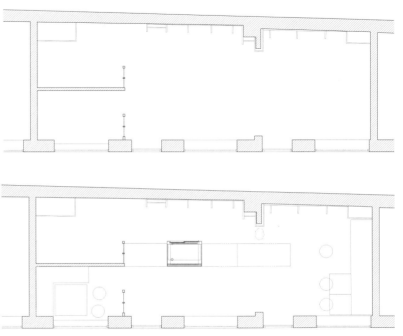

Ciambelleria Alonzi 烘焙店

NINE ASSOCIATI

意大利，索拉市

25 平方米

2015 年

这家历史悠久的意大利烘焙店以全新的面貌出现在人们面前。该店创立于 1890 年，将与食品和糖果有关的加工秘方传承下来。其中最重要的秘方是 "Ciambella Sorana" 的加工秘方，这是一种可以追溯到中世纪的面包。

索拉市是红衣主教切萨雷·巴罗尼奥（Cesare Baronio）的故乡，这家世代经营的烘焙店便位于该市的中心区。店铺主

张不过多地使用机器，而是纯手工制作，以此提高食品的品质。设计师考虑到空间的面积不大，故原有操作区的改造以提供灵活的使用空间为基础。新店面的设计可以适应不同的分销解决方案，并能够在不进行砖石施工或不改变主体家具的情况下进行重组。

客户还为新店的开业专门设计了一款饼干——Sallecone，这是一种用豆粉制作

的饼干，介于小吃与饼干之间，适合搭配任何一种开
胃酒。其灵感来源于红衣主教切萨雷·巴罗尼奥这位
历史人物。这款饼干不仅是游客乐于购买的纪念品，
也是文化传播的工具——在这座城市中仍然有很多人
并不知道这位红衣主教。

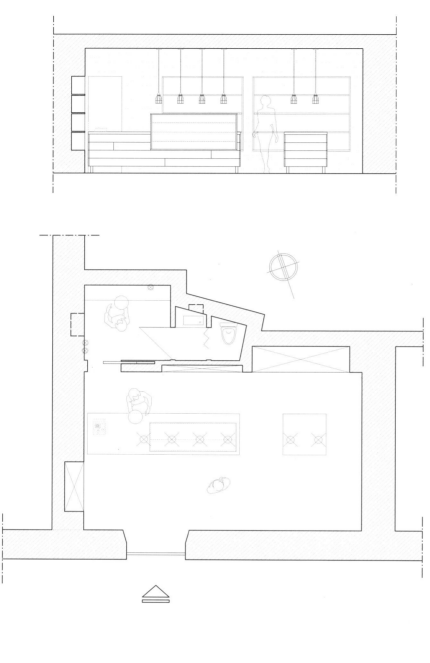

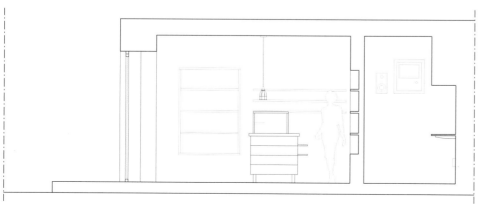

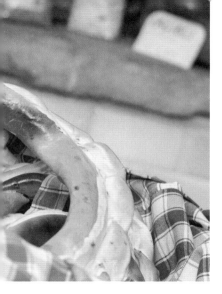

丹尼尔烘焙店

moodley brand Identity
奥地利，维也纳市
360 平方米
2015 年

丹尼尔烘焙店位于维也纳市的丹尼尔酒店内，在这里你既不会有烦心事，也不会被不必要的细节所围绕——这里只有现代环球旅行者真正需要的东西。餐厅？烘焙店？热门场所？商店？这里什么都有，是一个值得一去的地方。人们可以在这里喝上一杯或是品尝自制甜点、参加商务会议或是和朋友们一起放松一下。周围的居民就这样迅速地成为烘焙店的常客。

设计团队遵循巧妙而奢华的设计理念——没有矫饰，但要带有些许个人色彩和一些有趣的元素。丹尼尔酒店已经成为这个城市重要的聚会场所，而不仅是"过夜的好去处"。一楼的丹尼尔烘焙店就是最好的证明，在过去的几年里，它已经成为维也纳的一个热门美食场所。这家烘焙店比较受欢迎的食品是芝士蛋糕、奶油水果蛋白饼、姜饼、曲奇和纸杯蛋糕等。

Mökki

Blacksheep

哈萨克斯坦共和国，阿斯塔纳市

500 平方米

2017 年

Blacksheep 创造了一种独特的美食体验，与首都的新受众产生共鸣。设计团队以场所和文化为中心，在设计工作开始前对该项目进行了深入研究。为了设计出与阿斯塔纳存在紧密的内在联系的产品，Blacksheep 将新旧元素交织在一起，实现传统与创新的和谐共存，他们希望能使食品成为空间的主角，在推崇工艺的同时，尊重季节性和地域性。

随着城市人口的不断增加，位于阿斯塔纳的丽思卡尔顿酒店看到了一个机会，通过创造前所未有的精致空间——Mökki 来开拓新的市场。Blacksheep 完成了 Mökki 的经营战略策划、命名和食品定位工作，他们设计的独特形象推动了空间及其整体形象。业主的构想是让 Mökki 成为一个"家"。Mökki 位于酒店的三楼，旨在为入住的客人提供良好

的全天候就餐服务。设计团队提出了三个核心关键词：
诚信、简约、工艺，它们是所有决策的依据。

餐厅的每个细节都经过了仔细的考量和布置，从品牌
设计和室内设计到定制展示架和员工制服等，都是由
Blacksheep 完成的。

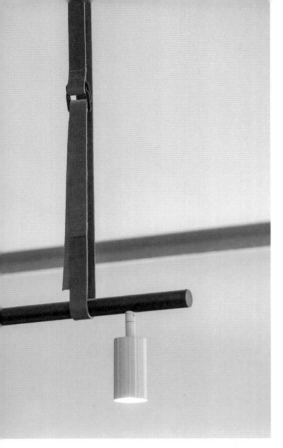

Meet Mia 面包店

玛丽塔 · 博纳奇（Marita
Bonačić），内格罗 · 尼格艾维
（Negra Nigoević）

克罗地亚，萨格勒布市

80 平方米

2015 年

整个故事实际上是围绕店主展开的，店主
米娅是一个对糕点充满热情的 24 岁女孩。
设计师的工作包括品牌名称、包装及产品
设计、室内设计、视觉元素、蛋糕造型和
照片拍摄——他们希望可以讲述一个关于
女孩与蛋糕之间的故事。

品牌名称是一句台词，说明了这是一家
面包店，品牌形象是一个虚构的人物——
小女孩米娅。品牌设计套用了《爱丽丝

梦游仙境》中的元素，并运用了一些增
加视觉效果的独特元素。《爱丽丝梦游
仙境》中的服饰特有的蓝色成为该品牌
的主色调。

设计团队完成了以字母 M 为主导的视觉
设计，形成了一种具有说明性的字体。该
视觉元素使人联想到铁栅栏，这种带有装
饰艺术风格的图案，给人一种置身于 20
世纪初欧洲街头的感觉。标题中的字母相

互作用，形成了一组衬托视觉元素的短语："很开心遇见你""遇见甜蜜的你""聚会用餐""甜蜜重复""外面见""带我走吧""下次再见"等。

室内设计完全从属于品牌。设计师遵循品牌名称，将店面设计成一个了解米娅的地方，并为店铺设计了一个特有的元素——一个发光的、巨大的标识"HEY"。为了营造梦幻的氛围，设计师选用了灰墙、橡木地板和白色瓷砖，软垫家具上摆放着不同色调和纹理的蓝、灰色织物。

Mister Baker 面包店

STIRIXIS Group
阿拉伯联合酋长国，迪拜市
100 平方米
2017 年

Mister Baker 是阿联酋顶级的连锁面包店品牌，成立于 1990 年，在阿联酋拥有 18 家门店。自品牌创立以来，这家面包连锁店的品牌标识一直未变。根据新的战略方针，STIRIXIS Group 想要对品牌进行升级。新标识展示了一位糕点师傅的 "OK" 手势及眨眼动作。品牌希望通过这款现代的标识传达品牌价值、形象及信息。另外，设计团队还在产品包装上使用了石榴色和浅蓝色，用这两种充满活力的色彩创

造一种亲切感，将顾客从产品中获得的幸福感转移到品牌形象上。此外，STIRIXIS Group 还设计了全新的架构和运营理念，并在各家连锁店中推广。

这家位于迪拜的面包店的布局发生了彻底改变，设计团队按照新理念对空间重新进行布置：撤掉了后方柜台，将冰箱推至墙边，借助展示区推销特定产品。有了这些变化，面包店成功地拉近了店员与顾客的

距离——店员们可以更加直接、有效地协助顾客挑选产品。此外，咖啡区也进行了升级，欢迎那些想要在有着鲜艳色彩、香甜气息和舒缓音乐的氛围中享用茶、咖啡或甜点的顾客。

新的整体概念提供了全新的店内体验，使顾客乐于来这里庆祝每个特别的时刻，让每个时刻都变得重要起来。

Gard'Ann 法式甜品店

kissmiklos

匈牙利，卡波什瓦市

60 平方米

2017 年

这家法式甜品店位于匈牙利卡波什瓦市的中心。当地居民对这个地方十分熟悉，因为早在 1928 年，Stühmer 巧克力商店便开始在这里经营，其内部的设备和陈设不同寻常，并一直在遗产保护的范围内。因此，当设计团队开始着手这一项目时，他们希望保护这处遗产，并在此基础上进行改造。

Gard'Ann 这个名字来源于 "Garden（花园）" 一词及客户的名字安妮·玛丽（Anne

Marie）。法语读音使人联想到有名的特色法国糖果。柜台是淡绿色的，因此设计团队决定将除了走廊之外的空间都刷成淡绿色。他们认为柔和的色彩会给消费者带来马卡龙及其他法国糕点的气息，于是决定充分发挥绿色、金色和糖果色之间的互补优势。

整体内饰诠释出 "法式波西米亚" 的优雅可爱。淡绿色的空间需要更多的绿色装饰，

因此，设计团队在主墙上画了一幅巨型画
卷，画卷上出现了很多古老的植物和鸟类
图案。设计团队用这些插画设计了品牌的
视觉形象，包括盒子、卡片、纸袋等，以
此强化与 Garden 一词的关系。明亮的
店内空间摆放有各种绿植和甜点，营造出
轻松舒适的氛围。

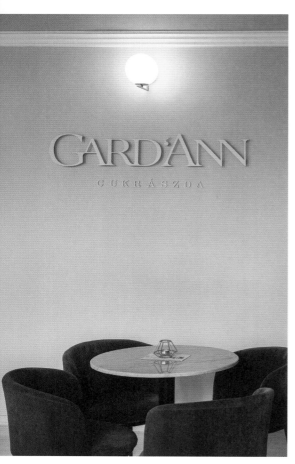

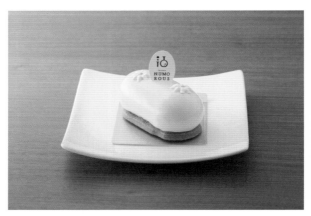

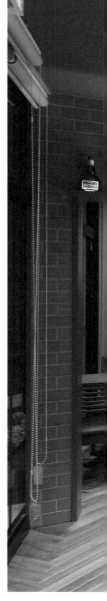

NUMOROUS 甜品实验室

KOM Design Labo inc.

日本，松本市

46 平方米

2016

这家食品店是一个甜品实验室，在这里，人们可以不断地发现新鲜、有趣的甜品。这是一家在其他任何地方都找不到的甜品店，这里的甜品充满趣味且口味正宗。甜品装在盒子中进行展示，展示台内还摆放有苹果和烧瓶主题的照明设施，给人一种身处实验室的感觉。

店名 NUMOROUS 是一个新词。据业主介绍，他委托 KOM 进行设计的主要原因

是他们想要一个"不同于其它蛋糕店的、有着令人兴奋的、华丽形象的世界"，他称其为"HUMORE（HUMOR）"，因而使用了"HUMOROUS"一词，为了好玩，设计团队将字母中的横线倾斜，便得到了现在的名字"NUMOROUS"。

至于标识，它代表了这是一家日本清酒主题的甜品店，设计团队用一种幽默的方式呈现原来的理念，用试管和圆底烧瓶告诉

人们这是一个实验室，而仔细观察后，可以发现它们组成了汉字"酒"。

Tafelzier 法式蛋糕店

TOC. designstudio

德国，纽伦堡市

110 平方米

2017 年

Patisserie Tafelzier 品牌旗下的第一家蛋糕店于 2017 年开业。蛋糕店的所有者及糕点师傅约翰·布洛克赫（Jans Brockerh）对法式制作工艺给食客带来的感官享受十分着迷。他决定用口味香甜的"艺术品"激励德国民众，于是在品牌位于纽伦堡的蛋糕店开业时，约翰·布洛克赫推出了全新的概念。

设计团队提出了一个在法式蛋糕界独一无二的概念——从店铺命名、室内设计到店面宣传照片、广告牌，再到包装设计和企业用语，均出自 TOC. designstudio 这个跨学科设计工作室之手。设计团队打造的理念包括在空间中表现季节的变化，这一理念不仅被应用到产品设计，还被应用到室内设计和品牌设计中。整体外观简约、雅致，这种柔和的色调吸引了民众的目光。白色、灰色与铜制细节符合秋季的色彩，春季和夏季使用橙色和红色，冬季则使用深绿色。

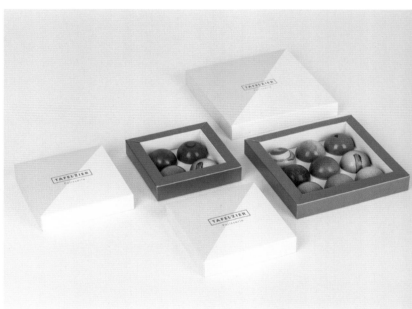

除了用来展示产品的大型冷藏柜台外，包装好的商品还被摆放在超大的蛋糕形柜台上。一只白色的猩猩立在上面，带来了一种震撼的效果。蛋糕店内还设有品尝区，顾客可以坐在柔软的沙发椅上享用甜品和咖啡。

为了满足糕点师傅对工艺精度的追求，柜台和内置组件被作为独特的定制设施进行规划和摆放。例如可以调节温度的展示柜被设计成无接缝立方体，照明系统则选用了特殊灯具（灯光色彩可以优化糕点展示效果），

在店内落地轻质墙的衬托下，产品仿佛正散发出耀眼的光芒。轻质墙的主题也随着产品的季节性变化而变化。

夺宫 PavoMea

Jansword Design, TGSP

中国，北京市

600 平方米

2017 年

本案位于北京 798 艺术区，是一家艺术甜品主题空间。品牌文化的全方位展现，空间的艺术性及目标消费群体的消费体验是该空间设计的重点。团队确定了设计主旨：以小见大、跨界永恒。

设计团队以原创的品牌图案为创作核心，将原图案的元素符号用不同形式的装置语言表现出来，营造室内艺术殿堂的感觉。在灯光效果的营造下，团队利用不同材质

展示品牌文化主题"我的孔雀座"和"光的缤纷艺术"。在设计过程中，设计团队对品牌主题连廊、环形展示中庭、孔雀装置顶饰等原创设计进行反复梳理、优化，使空间设计不局限于视觉感官的体验，而是通过具体符号化的表达，让空间有"情感"的贯穿与流露，让顾客在一个灵动的空间里感受浓厚的艺术氛围。

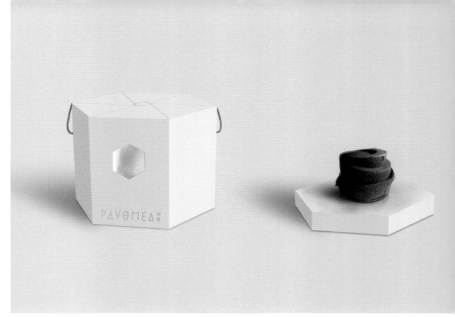

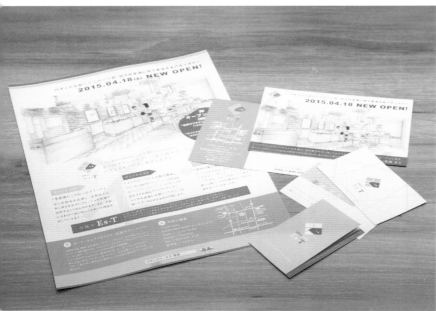

Es-T 法式糕点店

KOM Design Labo inc.

日本，名古屋市

142 平方米

2015 年

Es-T 是一家有趣的法式糕点店，里面放置了好多好玩的"抽屉"，而店主制作的糕点也充满创意，因此他希望室内和品牌设计也能体现出"趣味性"。

独特的想法在这家店内随处可见，很多细节上的设计十分特别，例如随意悬挂的灯泡和直接被用作标价牌的墙面等。这家蛋糕店的品牌形象也是由同一个设计团队打造的，团队希望可以表现糕点师傅高超的手工技艺和一丝不苟的精神。这家蛋糕店有两条品牌路线："家庭"和"女性"，因此标识的设计也以此为基础。

店铺开业的当天就有100多人排起了长队，深受当地人的欢迎。

小 怡

SORABRAND

中国，惠州市

200 平方米

2017 年

小怡（Yí PATISSERIE）始创于 2013 年，是集法式烘焙、咖啡饮品、西式简餐于一体的复合品牌。秉承 "Joyful in Every Bite" 的初心，小怡甄选顶级原材，将 "每一口的喜悦" 带给渴望健康、安全、美味及拥有品质生活的人们。

复式三层空间由烘培间、简餐间、咖啡馆、饮品室及办公空间构成，中空的天井打破了楼层之间的独立性。进入室内则犹如深陷欧式浪漫的包围中，宫廷式大吊灯从上而下，铜黄色灯光温柔地倾洒在湖绿色的大理石工作台上。大面积的、通透的落地玻璃及结构性的金属框架给人带来轻盈的通透感，而恰到好处的框架设计又保持食客的私密性。家具颜色与品牌主色调相呼应，舒服、自然、俏皮、轻松，配套的品牌插画也传达着品牌的内心诉求。

Temper 巧克力 & 糕点店

Evoke International Design

加拿大，温哥华市

130 平方米

2014 年

2014 A.R.E 设计奖优秀特色食品零售店

这家店位于西温哥华市，占地 130 平方米。店面的设计要求包括为功能齐全的厨房分配空间，同时保持温馨的开放式零售体验。定制玻璃展示柜、天然材料和线性照明营造出明亮、整洁的空间布局。擀面杖和玻璃货架对产品进行了实用又具有特色的展示。墙上的窗将厨房和零售空间分隔开来，顾客可以看到现场制作产品的过程。

设计团队使用了一些精致的元素来支持整体设计理念：从为凸显"糕点"美感而选择的吊灯到安装有嵌入式灯箱的定制墙面，再到刻有品牌标识的定制门。冷杉木框架的镜子和绘有原创插图的艺术灯箱提升了消费体验，并将精致的平面品牌元素融入到空间中。

设计团队在室内空间中使用了大理石、马

赛克瓷砖、道格拉斯冷杉和混凝土，营造了一个干净、现代的内部空间。玻璃展示柜充分展现了糕点师傅精心制作的美味，并与木制品和家具融为一体。欧式风格的马赛克地砖与简单干净的瓷砖图案将经典的欧式风格与现代美学结合在了一起。

Alex 法式甜点店

UNION ATELIER
（合聿设计工作室）

中国，台北市

145 平方米

2016 年

这家法式甜点店的主厨 Alex 专注于精致、细腻的甜品制作。设计团队将自然光引入室内，营造出纯正的法式典雅风格。室内以白色为基调，搭配高雅的跳色作为点缀，细致的线板装饰为整体空间起到画龙点睛的作用。

团队在外墙使用了浅木色，让人能感受到欧洲的街头气息，墙面上的白色立体招牌搭配玻璃上贴着的金色字，凸显低调奢华感。设计团队在门口放置了长为 7 米的柜台，结合两座玻璃展示柜，摆放店铺引以为傲的甜点，并用大理石台面和铜色欧式古典吊灯烘托整体氛围。在室内空间的处理上，利用薄荷绿色贯穿卡座区及柜台区，呼应外墙的设计，并规划出一张 10 人座的大长桌，于长桌上方放置独特的玻璃拼花吊灯，格外凸显出此区域的特殊性，让三五好友能够在此享受惬意的午后时光。

BLANCHIR 蛋糕店

KOM Design Labo inc.

日本，富山市

141 平方米

2016 年

这是一家以店主最早学会的烘焙技能"BLANCHIR（变白）"命名的蛋糕店。这个名字反映了店主的决心——不要忘记自己的初衷，振兴自己的家乡丰山町。店内的各处装潢均体现了店主的这一初衷。

室内空间巧妙地展现了 BLANCHIR 的魔力——搅动蛋黄使其从黄色变成白色。BLANCHIR 一词不是日常用语，为了以更直接、更易于理解的方式传达它的含义，设计团队将有趣且易于理解的元素融入到了室内设计中，例如标识、创意海报和搅拌碗形状的照明设备。标识的形状（例如在搅拌碗中打出奶油）、颜色和字母曲线传递了一种柔软、令人垂涎欲滴的视觉效果。

Mélimélo 糕点店

丹妮拉·阿希拉（Daniela
Arcila）

墨西哥，哈利斯科州

23 平方米

2018 年

该项目是一家融合了墨西哥与法国风味的糕点店。 店名意为"组合"或"混合两种东西"。

Mélimélo 的品牌形象以几何图案为特色，其设计灵感来自最有名的墨西哥和法国面包，例如亡灵面包和长棍面包。店主生于墨西哥，却在美国生活了半辈子，然后去了法国，在那里学习法式烘焙技术。店主希望将文化融合现象反映在面包上。

应用在名片上的品牌标识发生了一些变化，体现了充满活力、无忧无虑的墨西哥精神。作为品牌推广的一部分，设计师设计了不同的纹理或图案，它们是以典雅的法国和墨西哥城堡的瓷砖为灵感设计的。

配色部分以蓝色和橙色为主：蓝色代表古老的法国，橙色反映了墨西哥的热情。设计师为该项目选择的主要字体受到了自由

式摔跤海报的启发——与品牌并没有太大的关系，却在墨西哥文化中非常流行。

该项目充满挑战，因为设计师仅有一周的时间完成全部设计工作，设计目标是以一种巧妙、简单的方式打造一个将两个完全不同的国家的文化融合在一起的品牌。

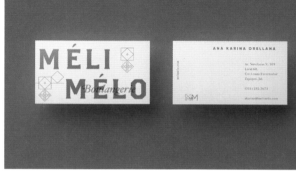

cadeau de rincotté 蛋糕店

KOM Design Labo inc.

日本，春日井市

47 平方米

2013 年

这家蛋糕店希望能为顾客带来"来自大自然的甜蜜礼物"。蛋糕店的名字"rincotté"是由店主的两个孩子的名字结合而来的。标识设计直接体现了"自然＋礼物"的概念，并融入了蛋糕店的设计主题——"大自然的变形"。室内空间是以大自然为灵感设计的。因此，设计团队选择了暖色材料，并使用了由秸秆材料制成的嵌板，以此增加建筑材料的触感，使其更具趣味性。设计团队要确保店内充满柔和的光线，因

而打造了一家与店主（一对夫妻）形象完全契合的散发着温柔气息的蛋糕店。

烘焙小蛋糕的展示方式也十分特别，进一步吸引了消费者的目光。通常情况下，蛋糕店会用篮子或盘子展示小蛋糕，但是当业主问起如何展示他们的蛋糕时，设计团队提出用服装店内挂袜子的挂钩进行展示。这种展示方式对蛋糕店来说是前所未有的，当时轰动了日本，人们都想知道设计团队

何时可以将这一特别的设计发表到社交媒体上。

蛋糕店的内部设计充满幽默感，即便是蛋糕的摆放方式也是如此，因而吸引了大批粉丝前来光顾。

リンコットの
オリジナル BOX
お好みの スイーツを 入れて
ちょっとした お礼に…

リンコットBOX
・マドレーヌ（2種）
・フィナンシェ
・クッキー（2種）
・ぽろん
計6個 ¥729

¥857

¥416

Ki 咖啡店

id inc.

日本，东京市

23 平方米

2017 年

Ki 咖啡店坐落在日本东京市世田谷区，其寓意为一片树林——人们可以在一个类似院落或树林的空间内品尝咖啡和甜点。

纯白色的空间与黑色的树林形成强烈对比。空间内的"树木"是用钢材打造的，扮演着桌腿的角色，桌腿向上延伸并长出"枝丫"，人们可以将帽子和大衣挂在上面。桌椅的设计使顾客在享用食物时可以明显感觉到自己与其他人保持着

舒适的距离。长桌上间隔"长出"的枝丫巧妙地起到了分隔桌面空间的作用。另外，桌子的摆放非常随意，人们可以自由选择座位。恣意生长的"树丛"给人们留下了非常深刻的印象。

除了室内设计，设计团队还为这家咖啡店设计了品牌标识、购物卡、菜单、信封、创意字体和网站等。品牌标识看上去好像是用收集来的枝丫拼在一起的。牛皮纸上

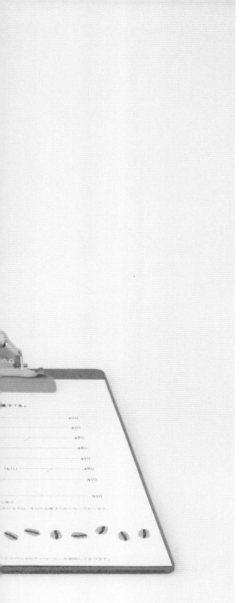

也印有同样风格的标识贴。菜单和网页上的插画柔和且精致。新颖的字体是从品牌标识中衍生出来的，并被用到留言卡和包装等物品上。

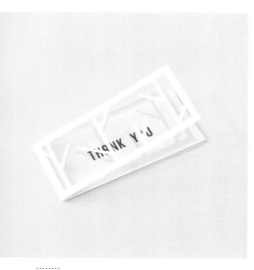

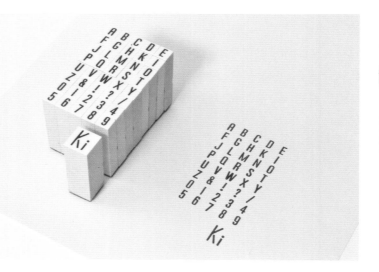

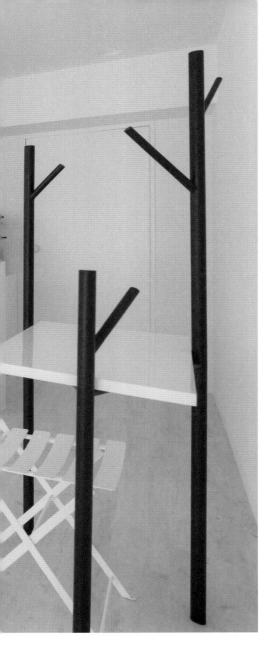

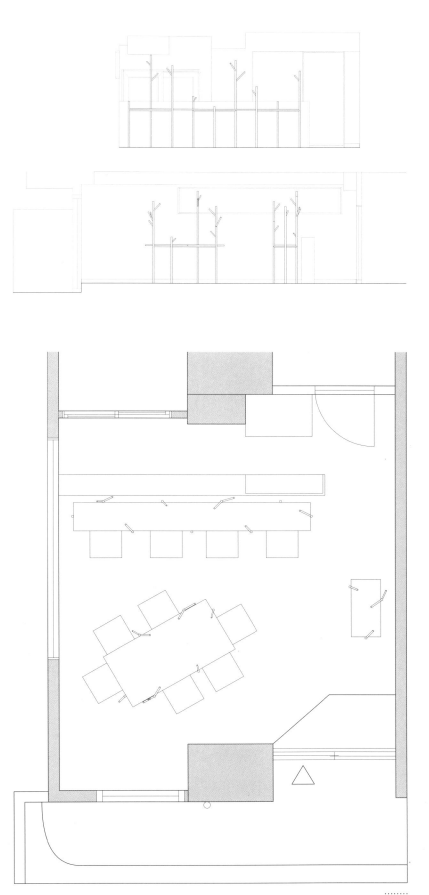

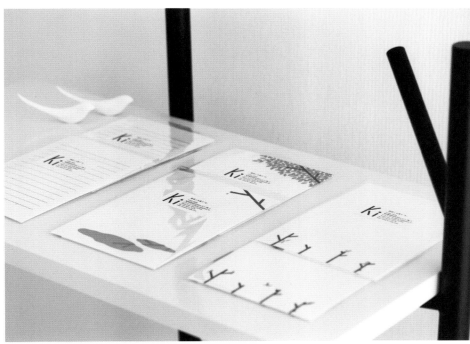

Citizen Sprout 食品店

Project M Plus

美国，圣莫尼卡市

33 平方米

2018 年

Citizen Sprout 食品店是一家用砖石和灰浆打造的店铺。这家关注家庭膳食的食品店，需要一种鲜活、独特的个性打入新的市场。食品店提供零食、小吃和营养丰富的午餐，可以满足附近从学前班到小学的孩子们的午餐需求。

设计团队选用一些高贵的颜色同长春花色相搭配，与一些中性色形成对比，同时使用了一种有趣的标识字体，并设计了一套原创插画。为了增强品牌体验的层次感，所有产品的包装、印刷制品和数字展示均使用了一种独特的、儿童喜欢的视觉语言。

店铺的招牌外观增加了对过往行人和车辆的吸引力。一进入店内，现代风格的吊灯、定制的木制零售货架、大型定制壁画、易于阅读的菜单、有趣的手提袋和试吃按钮共同打造了一套完整的品牌体验。除了

实体部分，品牌还提供了诱人的食物照片和直观的电子商务网站，这些都为顾客提供了新鲜、现代的即时体验。

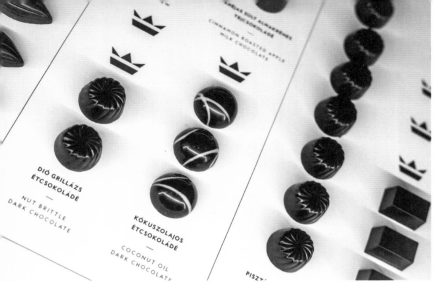

Casca 手工巧克力吧

kissmiklos

匈牙利，布达佩斯市

43 平方米

2015 年

这是一家手工巧克力吧，店名 Casca 在葡萄牙语中的意思是"贝壳"。这些口味特别的巧克力糖果和产品都是由 Kakas 糖果工厂制造的。同时店铺也经营美味的咖啡，他们的咖啡都是由匈牙利最好的咖啡师之一托斯·桑德尔（Tóth Sándor）调制的。

当 kissmiklos 接手这一项目的时候，一家平面设计工作室和一家室内设计工作室已经在着手该项目的设计工作了。设计团队打造了一个全新的品牌形象，并重新绘制了品牌标识。室内设计尚处在初始阶段，团队因此有机会在平面设计与室内设计之间创造一种和谐感。

在设计走廊和水槽区域时，设计师根据可用的表面调整设计，希望可以让色彩看起来更加生动，而色彩也是整体设计的一部分。除了基本结构之外，空间内部还存在

着很多细节：墙上的灯具是用茶壶和瓷杯做的；设计师为店铺选择了一些坐起来很舒服但占用空间少的椅子。

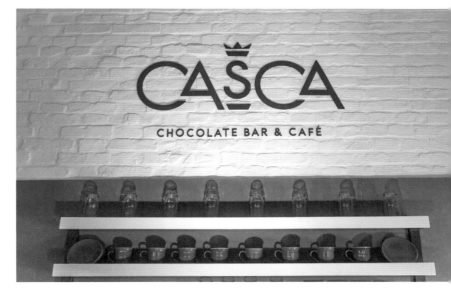

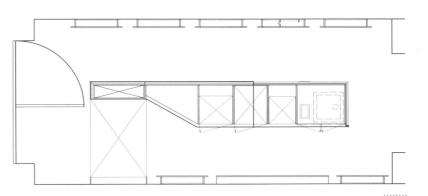

DON JUAN 咖啡 & 蛋糕店

弗拉基米尔·帕里波维奇
（Vladimir Paripovic）

塞尔维亚，贝尔格莱德市

50 平方米

2016 年

在贝尔格莱德市市中心的雷斯夫卡大街上，一个浪漫、甜蜜的故事就这样开始了。DON JUAN 咖啡 & 蛋糕店搬迁至此，店内到处弥漫着蛋糕、松饼和咖啡的香气，为顾客带来了甜蜜的愉悦感。

全新的店面设计理念跳出了行业的固有模式。在这座古老的城市街道内，这家店为蛋糕和咖啡爱好者带来了与众不同的体验。店内空间进行了撞色处理，使用了复古的粉色、白色和黄色，并配以金色。地面是整个空间的基础，出于美观性和实用性的考虑，地面与墙体相接的地方也进行了处理。

设计团队选择将蛋糕挂在窗户上。其中一个角落的墙上装有照明设施，浅黄色的灯光照亮了整个空间。墙上总共挂着 44 个杯子（41 个白色的、2 个棕色的和 1 个黄色的）。杯影交错，形成了一种特别的景象。

这是一个会有奇迹发生的白色房子——这个存在于我们童年记忆里的糖果屋使用了传统的屋顶，空间内还筑起了一面巧克力墙，吸引了不少访客。

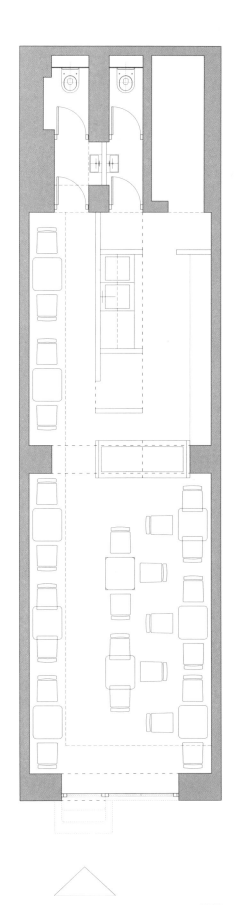

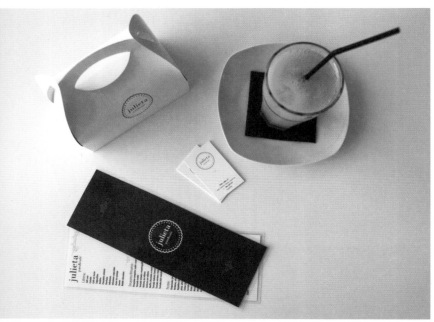

Julieta, Pan & Café

vitale

西班牙，卡斯特利翁－德拉普拉纳市

100 平方米

2014 年

这家咖啡店的主营业务是面包和咖啡。店主致力于尊重传统和提升工艺，希望可以竖立精致、简单的品牌形象。

在这些前提下，vitale 完成了品牌设计和零售推广。空间应当具备双重功能：烘焙店和咖啡店。入口处有一个大型水泥砌块，设计师在这里设置了用来展示和销售面包、蛋糕等产品的区域。品牌"简单"的理念通过水泥柜台、松木橱柜或传统厨房常用的瓷砖等简单的材料得以传播。大落地窗强调了友好、透明的商业精神，且使店内的一切都一览无余。

店内的餐桌是用最常见的材料打造的。房间后面是一个长条形工作台——由工业木制托盘和几个坐垫组成，当客户有调整布局的需要时，可以灵活调整这 4 张桌子。

设计师打造了一个温馨、舒适的角落，顾客可以在轻松、舒适的环境中享用优质的咖啡和美味的老式面包。

El Moro 餐厅

Cadena Concept Design
墨西哥，墨西哥城
818 平方米
2015 年

El Moro 餐厅创立于 1935 年，一直是当地人生活中很重要的一部分。餐厅位于墨西哥首都墨西哥城，因其不可复制的正宗、浓郁风味而吸引了不同的受众。餐厅的畅销产品是热巧克力和吉事果。

经典墙砖成为主要灵感来源，彩色的玻璃窗和产品使店面看起来与众不同，为顾客带来欢乐的体验。新的图形系统考虑到了各种要素之间的形象化关系，并提出在形式上做出简化，保留精髓。新系统展现了无限的可能性，并被应用到品牌的标识和店面设计中。配色源于赋予品牌个性的镶嵌图案，与以白糖为灵感的白色色调形成鲜明对比。

品牌语言和家具构成了一种独特的表现形式，使人联想到墨西哥的黄金时代，当时的海报、广告、电影、字体和建筑都充满了浓郁的艺术气息，它们通过不

同的艺术手法提供了大量的图形元素、符号和信息。

设计师希望打造一个全新的概念，展现 El Moro 真正的品牌基因。

CHURRERÍA

EL MORO

desde

1935

Sabah 食品店

Futura

科威特，科威特城

2018 年

Sabah 是一家氛围舒适的食品店，其室内设计精致、迷人，提供来自世界各地的精选产品。设计团队希望建立品牌设计与室内设计的密切联系。该项目的设计理念受 20 世纪 70 年代美学的启发，采用有机几何造型——你可以在家具和一些品牌用品中看到明亮的色彩和朴实的色调，它们形成了一种有趣的对比；另一个特点是空间内使用了多种不同的材料，例如木材和金属饰面。

设计团队设计了一系列几何图案，将它们应用到咖啡杯及杯垫上。菜单使用了有趣、新颖的模切图案，与独特的编辑设计完美相融。至于外卖甜甜圈，设计团队希望为其设计一些不同于其他食品店的包装——便携式的包装。这是因为一些顾客喜欢这样可以随身携带的包装，也可能是因为他们想要在 Instagram 上分享自己的东西。

设计团队非常注重室内设计的细节。这家食品店在保证干净、美观的前提下，营造了如家一般的舒适氛围，使顾客愿意在这里待上一整天。

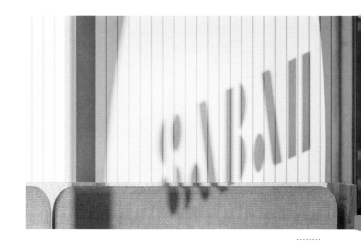

丸善制茶专门店

LUCY ALTER DESIGN, inc.

日本，静冈市

100 平方米

2018 年

丸善制茶株式会社创立于静冈市，拥有 70 年的制茶历史。LUCY ALTER DESIGN 完成了丸善制茶新店的品牌概念和室内空间的设计工作。店面的整体设计遵循了日式简约风格。门口的大型落地窗将店内景象展露无遗，吸引了过路者的目光。他们不仅可以看到店内的产品，还可以观看整个生产过程，甚至可以看到茶艺师在窗前泡茶，让人忍不住停下自己的脚步。

室内空间以白色为主色调，无论是吧台还是桌椅均与品牌标识和包装相呼应。一楼设有大型吧台，非常引人注目；二楼的用餐区设有可供 3~6 位好友用餐的长桌。

在 "We Roast, Tea Finest（我们烘焙最棒的茶叶）" 这一理念下，烹茶师利用不同的温度（80℃ \ 100℃ \ 130℃ \ 160℃ \ 200℃）进行少量烘焙。它是全世界第一家能同时品尝到不同鲜度的茶（从煎茶到烘焙

茶）制成的法式冰激凌及手泡茶的店铺。
品牌标识"°M"是属于店铺英文名字
"MARUZEN TEA ROASTERY"的原创符号，
表示店内烘焙茶叶时的温度。

这是一个专注茶工艺的店铺，由于烘焙工
坊设在店内，整个店面都被烘焙茶叶产生
的香气围绕。

Tea Gelato & Drink Set	
Single	850
Double	1,100
Tea Gelato	
Single	450
Double	700
Affogato & Drink Set	
Matcha Affogato	1,100
Brown Roasted Affogato	1,100
Genkotsu-ame	50
Drink	
Hand-drip green tea	500
Gyokuro	600
Usuchatou (Latte)	500
Usucha arare (Latte)	500
Ryogouchi Bottling Tea	1,500

RL

UNION ATELIER
（合聿设计工作室）

中国，桃园市

110 平方米

2016 年

RL 是一间低调却又不失个性的店铺，也是甜点主厨、雅食主厨与合聿设计工作室碰撞出的火花。

空间的设计风格如同店名般简约时尚，强烈的黑白对比乍看之下让空间一分为二。设计师运用相同的素材，从地面延伸至壁面、天花板，又恰到好处地使其融合为一，不仅在视觉上带来冲击，明暗冲突的神秘感也激起顾客对店铺的好奇心。

进门的左手边，是属于甜点主厨的白色世界。蛋糕柜里摆放着多款精致的手工甜点。材料选用了大理石、白色亮面磁砖、漆白墙砖、银色不锈钢等，混搭出如法式甜点般高雅、细腻又完美无暇的感觉。右手边的黑色空间是雅食主厨的领地，提供的菜色是既随性又讲究的法式汉堡。室内设计上选择了黑铁、深色实木，搭配黑色亮面瓷砖、漆黑砖墙等，不仅保有暗黑的个性风格，也与白色空间的设计相互呼应。

Maison Marou Saigon 食品店

Rice Creative

越南，胡志明市

215 平方米

2016 年

Maison Marou 是一家位于越南胡志明市的食品店，主营糕点和巧克力。店铺位于胡志明市中心的 Calmette 大街上，坐落在一栋 20 世纪 30 年代的装饰艺术风格的建筑内。

店内垂直矩形结构被反复使用。这个结构在店内的"巧克力实验室"中十分显眼，并对品牌的各种巧克力棒进行了展示。Maison Marou 是一个实验空间，工作人员可以在这里制作巧克力棒、糖果或是具有当地特色的甜点。为此，Rice Creative 设计了一种活字菜单，并将品牌 Logo 所使用的字体应用到印有巧克力棒造型的金属盘上。这些金属盘被重新布置在菜单墙上和头顶标识中，同时将单个字制成橡胶块，然后将橡胶块装入定制图章中。Maison Marou 的工作服是以 Marou 创始人在田间穿着的亚麻"丛林衬衫"为灵感设计的。一整套灵活

的品牌元素贯穿整个空间——粗糙的插画展现了品牌粗犷的一面，而定制字母则从传统的商店招牌中汲取灵感。设计师从创始人标志性的"丛林衬衫"中提取了绿色，同时仍然保留 Marou 的亮金色。

因为 Maison Marou 需要不断变化包装类型，所以设计团队开发了一种适用于多种形状和尺寸的灵活系统。 如今，Maison Marou 食品店不仅可以与顾客分享包装精美的巧克力棒，还可以完整地传达自己的品牌精神，并为顾客提供可可豆采摘和巧克力加工技术的体验。

35 GRAMMI

NINE ASSOCIATI

意大利，弗罗西诺内市

45 平方米

2018 年

NINE ASSOCIATI 设计了弗罗西诺内市商业区的第一家"可颂面包 & 咖啡店"。这家店只有 45 平方米，但店面色彩和品牌标识却传达了委托方的双重战略。

在意大利，可颂面包与卡布奇诺是最常见的餐食搭配形式，因此委托方要求打造弗罗西诺内市的第一家混合式店铺，将可颂面包店和咖啡店合并成一个"双面空间"，这也是该项目品牌标识和室内设计的出发点。

35 GRAMMI 被设计成了一个能够展现全新服务理念的空间，即一个提供全天候双重选择的食品店。室内摆放的家具均由 NINE ASSOCLATI 设计。这些家具与室内设计、墙面色彩和图形（也是由 NINE ASSOCIATI 设计完成的）融为一体，创造了空间上的视觉连续性，使整个空间看起来更加宽敞。

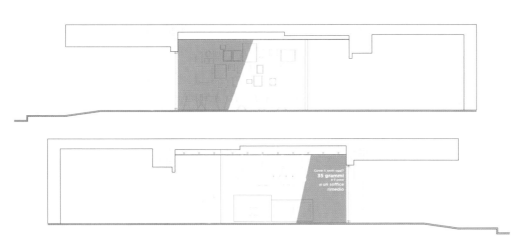

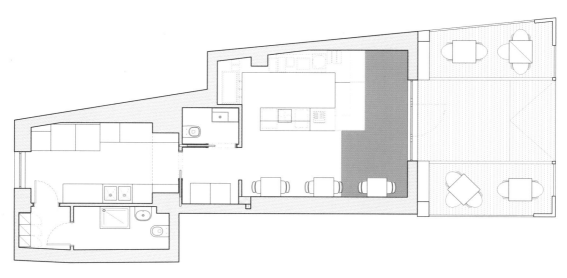

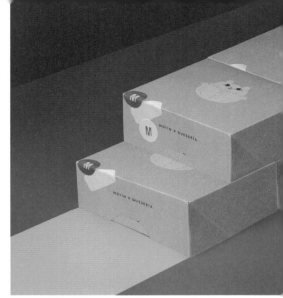

Motín 咖啡店

Futura, Solvar

墨西哥，墨西哥城

75 平方米

2019 年

Motín 是一家全天营业的咖啡店，位于墨西哥城的罗马康德萨区——墨西哥城餐饮领域中最活跃的街区之一。Futura 负责这家店的品牌设计工作，而当地工作室 Solvar 则负责店铺的室内设计工作。

空间占地面积 75 平方米，坐落在 19 世纪末建成的一栋旧房子里。房子是一栋传统的法式建筑，属于罗马康德萨区的典型建筑。Motín 咖啡店位于老房子的公共区域内，人们可以从街道直接进入咖啡店。

设计团队旨在打造轻松、有趣的就餐环境。空间的主色调是温馨的粉色和蓝色，眼睛大肚子小的贪吃仓鼠形象吸引了不少顾客的注意。店里供应的美食和咖啡令人垂涎欲滴。顾客可以在星期一的早晨走进 Motín 咖啡店，一边工作，一边享用甜点或是喝上一杯咖啡；或者是在周

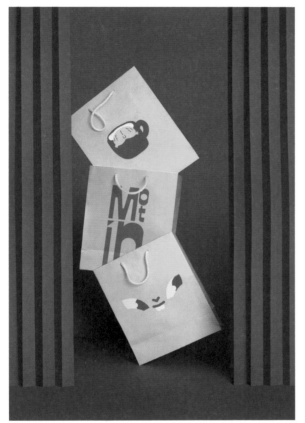

末的早午餐时间，来这里享用一盘松软
的薄煎饼。

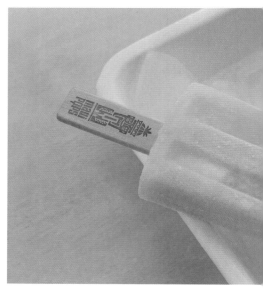

Maui Pops 冰棒店

Brandon Archibald
美国，夏威夷茂宜岛
110 平方米
2017

Brandon Archibald 完成了这家冰棒店的品牌及室内设计工作，这是该连锁品牌旗下的第一家门店。当设计团队开始讨论该项目的时候，他们被夏威夷的一个人物——提金（Tiki）吸引了。在波利尼西亚文化中，提金代表了各种类型的神。从毛利人部落的木制礼仪雕像到复活节岛上的石像，夏威夷文化有着与其相同的渊源。为此，设计团队决定将其作为一个重要的品牌元素。

品牌与室内设计的核心理念是将具有现代气息的民族风图案与反映夏威夷风情的色彩融合在一起，于是设计师创造了一些有趣的东西，即新的字体和一些平面元素。主角提金在店内与访客相遇——设计师将他与一些词汇和符号相结合，使他成了品牌的一部分。同时设计团队增加了一些生动的水果符号，来展示冰棒的各种味道。设计团队为不同年龄段的孩子和成年人打造了三种不同高度的椅子。柜台造型适合

配置各种高度的椅子，为店内空间增添了
趣味和活力。

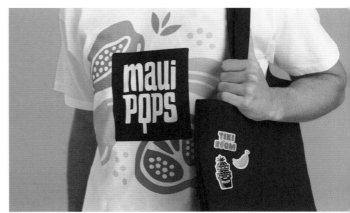

ZERO-E 冰激凌店

NINE ASSOCIATI

意大利，伊索拉－德尔利里镇

38 平方米

2017 年

NINE ASSOCIATI 为 ZERO-E 冰激凌店打造了全套的定制内饰。业主 Masci 家族制作冰激凌已有 100 多年的历史，他们将意大利传统冰激凌的制作秘方保存并传承下来。

ZERO-E 成为伊索拉-德尔利里镇的第一家提供烹饪体验的冰激凌店。店内设计从墙上的平面造型到细小配件，再到品牌设计，均是由 NINE ASSOCIATI 完成的，并由意大利当地的工匠加工制作。

这个项目需要在很短的时间内对一个 38 平方米的小空间进行翻新，并为它配备一间实验室。因此，项目设计围绕三个点展开：内饰优化设计、家具定制设计和空间各时段灵活使用的分配。三个点相辅相成，它们之间的完美平衡成就了项目的整体设计理念。

一系列微小的架构变化消除了空间设计"盲点",增加了技术设备定位的灵活性,而且可以满足不同客户的空间使用需求。房间里的一切——桌子、板凳、架子,甚至是技术设备的涂层,均是为了优化空间的功能和视觉效果而设计的。视野开阔的仓库和两面大磁板墙是大厅的关键元素,在浅蓝色背景下,彩色元素的季节性变化十分引人注目。滑动窗使这个小空间里的人们也能看到城市的中央广场。

ZERO-E 冰激凌店的品牌设计、室内设计和家具设计融合在一起,实现了室内外空间的相互作用,即便是在店铺关门时也能向人们讲述品牌的故事和理念。

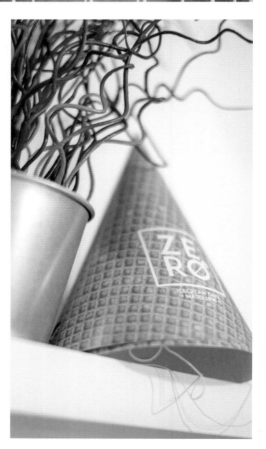

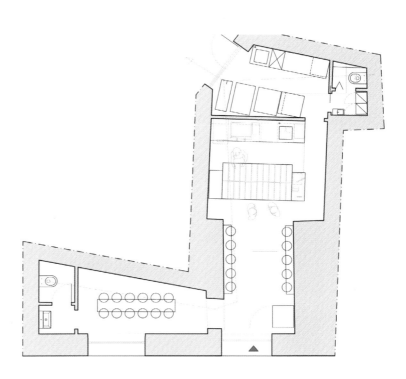

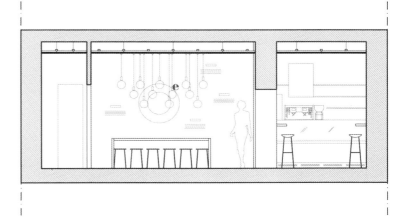

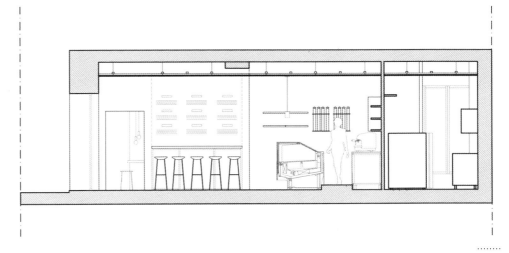

Prossima Fermata 冰激凌车间

....

studio wok

意大利，米兰市

16 平方米

2018 年

冰激凌生产商 Curzio 用精湛的技艺为自己的产品赋予了新的价值——他们推出了"冰激凌车间"的概念，将销售空间与生产区域融合在一起。空间与品牌设计成为一个整体，形成一个连贯的空间。

翻修工作有三个重点：勃艮第酒红色地面、庞大的柜台和冷藏库重组。设计师使用了三种天然材料：油毡、石头和木材。部分墙壁和地板覆以勃艮第酒红色的油毡。材料的变化使柜台成为空间的亮点，并最大限度地减少了技术和功能上的步骤，其表面覆有石板——一种可以使人联想到传统价值的简单材料。

新店面的设计旨在展现冰激凌的口味：24个展示板介绍了产品的详细信息，消费者可以从中获得他们想知道的全部信息，例如店铺供应哪些口味的冰激凌和果汁冰糕以及它们所用的材料、素食者是否可以食

用、可能存在的致敏原、营养成分表等。
整个空间看起来像一个实验室，店主希望
可以突出产品的原料和口味，创造全新的
味蕾体验。

Kinber Made 金帛手制

Filter017 / Wen

中国，台中市

132 平方米

2018 年

2014 年创立于台中市的金帛手制除了希望自己成为业界指标、引领美味潮流之外，还期盼着每支以天然食材制作的创意冰激凌能犹如"冰激凌塔"一般，带领每位冰激凌爱好者找到独一无二的幸福味蕾体验。

Kinber Made 品牌一直致力于打造融合美味与文艺气息的体验空间。2018 年春天，金帛手制以"Kinber Made"为名重新出发，并以"感知会客室"为概念，打造

全新品牌形象店，除了售卖招牌创意冰激凌外，也提供各式精致甜点及饮品。

店铺坐落于一个日式旧庭院内，保留着老宅原有的特殊结构与韵味，带有些许工业粗犷感，并融入北欧与日式风格的细腻，打造出舒适的环境。

此次品牌与台湾知名设计团队 Filter017 合作，他们除了为品牌规划全新的视觉

形象外，还在店铺二楼规划了复合展演空间，成立概念单位"TPR"（The Parlor Room），用于售卖关于设计、艺术等内容的小物件，并不定期邀请艺术家、设计师及文艺单位进行展出。Kinber Made 金帛手制期待能为每一位访客带来与众不同的体验。

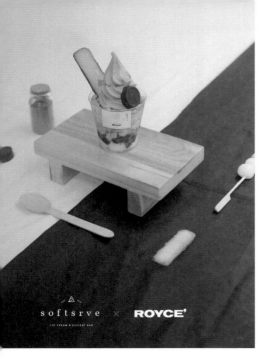

Softsrve 冰激凌店

维尔·肯恩（Wil Ken）

马来西亚，必打灵查亚市

153 平方米

2015 年

Softsrve 冰激凌店拥有多媒体设计背景，其整体的品牌推广风格十分简约。客户需要一个可以与品牌相呼应的空间，即一个将品牌、平面与室内设计完美融合的空间。

对于这个项目，设计师需要应对的一个主要问题是，吉隆坡大多数商店都存在着令人讨厌的回音问题。商铺地段狭长，因此商铺内部的回音问题几乎无法避免。这家

店铺的内部也存在着同样的问题。设计团队使用了一些减少回音的方法，将承包商剩下的块式地毯安装在每张桌子下面，以此吸收空间中产生的一些回音，并用实心松木和木质胶合板来搭配空间的全白色饰面。

主柜台的设计旨在协调客户与员工之间的关系。柜台台面不是太高，避免给人以封闭或是与其他空间分离的感觉，柜台外表

面覆以白色的瓷砖，台面覆以实心松木。整个店面呈现一种开放的氛围，这也正是客户想要的。固定在墙上的松木架子上摆放着大量玻璃瓶、纸杯和冰激凌菜单。店内的高脚凳都是店主精心挑选的，用来搭配空间的全白色饰面和松木制元素。简单的水泥地面与空间温馨的全白色饰面形成对比。装饰墙上的霓虹灯招牌打出了别出心裁的品牌口号——"要么放轻松，要么回家去"。

Winter Milk 冰激凌店

Anagrama

墨西哥，蒙特雷市

64 平方米

2017 年

Winter Milk 冰激凌店的特色是选用天然食材纯手工制作而成的各种产品，其中冰激凌蛋卷、冰棒、奶昔、果汁刨冰和甜品从这家店的菜单中脱颖而出。目前，Winter Milk 已经拥有 16 家门店，品牌希望提供一种适合以传统方式与家人、朋友一同分享冰激凌的氛围和体验。

设计团队最终完成了品牌定制标识和店铺室内空间的设计。品牌标识采用了特殊的排版工艺，沿用了常见于 20 世纪 60 年代自助餐厅的图形化手工标签和符号。室内整体设计风格和色彩搭配的灵感来自于韦斯·安德森（Wes Anderson）的电影。色彩用到了温暖的橙色和清新的蓝色。

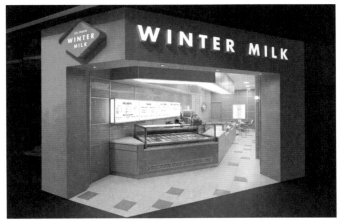

HELADOS

SENCILLO		DOBLE			LITROS
CONO	$32	CONO	$52	450 ML.	$62
VASO	$32	VASO	$52	1 LT.	$129
WAFFLE BOWL	$37	WAFFLE BOWL	$57		

◄——— PALETAS ———►

DE LA CASA	ESQUIMAL	ESQUIMAL-TOPPING
$24	$29	$34

FRAPPÉ

FRAPPUCCINO		FRAPPE MOCHA	
12 OZ	$43	12 OZ	$48
16 OZ	$49	16 OZ	$53

OREO	SNICKER BLAST	ICE CREAM	CRUNCH
$55	$58	$60	$59

MALTEADAS

Milk Land

南木隆介（Ryusuke Nanki）

日本，东京市

43 平方米

2018 年

Milk Land 乳制品店虽然面积不大，却拥有一块巨大的招牌。在日本，有超过一半的乳制品在北海道地区生产。人们可以在这里品尝到来自北海道地区的乳制品。

这个地方原本放有一个巨大的广告牌，这意味着室内空间不过是户外广告的附属品。设计团队将这个招牌变成一个媒介，让人们可以走进来品尝商品——人们很容易被店面巨大的奶牛标志所吸引，奶牛图案从

店面延续到室内空间，地板和天花板都有着同样的图案。顾客在冰激凌柜台买完冰激凌或牛奶制成的糖果后，可以继续向上层走。

在二层有一个真奶牛大小的模型与黑白相间的图案混在一起，旁边有一个装有各式配料的大型吧台，顾客可以在这里挑选他们喜欢的配料。半椭圆形吧台看起来好像是从地板上冒出来的，也配有奶牛图案。

这个吧台使用的材料和墙壁、地板相同，这就使容器中五颜六色的配料变得十分显眼。一些配料容器在空气压力的作用下，会像打鼹鼠游戏里的鼹鼠一样冒出来，给顾客带来了有趣的购物体验。

这个小空间不仅是一个普通的商店，还提供一种弹出式广告体验，为那些走进来的人们带来小惊喜。

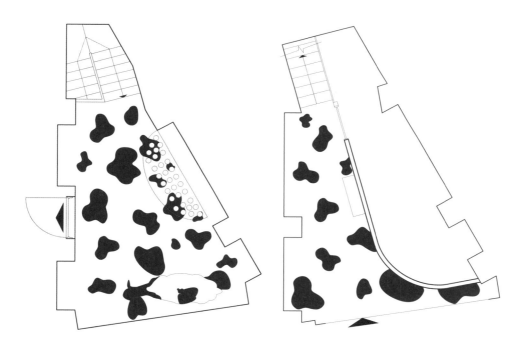

Spooning Cookie Dough Bar

Zentralnorden

德国，柏林市

22 平方米

2017 年

Zentralnorden 为 Spooning 设计了一家 Cookie Dough Bar，售卖没有经过烘烤的曲奇生面团。

设计团队将位于柏林市普伦茨劳贝格区的一个 22 平方米的狭窄、昏暗的前部空间改造成一个明亮、有趣的空间，以唤起大家的童年回忆——小时候我们时常会溜到祖母的厨房中偷吃曲奇饼。因为预算有限，设计团队决定将整个店面粉刷成粉色、白色和深蓝色，就像是曲奇饼上的点缀，衬托出曲奇饼店的童趣。吧台的设计十分简约，用 3.3 米长的独立式中央服务台展示 10 种曲奇饼和各种精心挑选的配料。孩子们可以借助亮黄色的把手爬上吧台，看看碗里装了些什么。

为了增加这家曲奇饼店在社交媒体上的曝光率，设计团队还增加了一些充满艺术气息的装置，例如深蓝色木板上的霓虹灯、

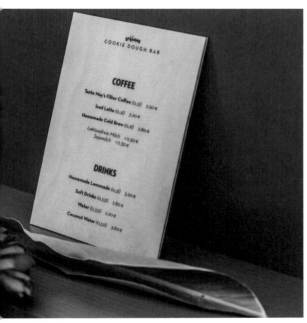

墙面上的羽毛球装饰，以及桌子后面的，字母可以随意调整的菜单展示板。此外，可调节日光灯使照明变得生动起来，吧台后面的日光灯排列紧密，前面的较为松散，以此在视觉上增加了空间的深度。为了与粉色墙面相呼应，家具也都被漆成了粉色。

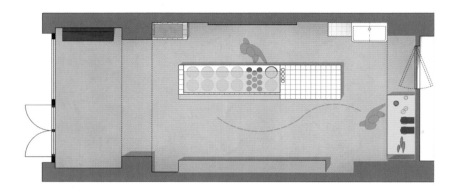

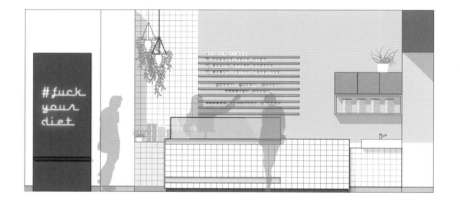

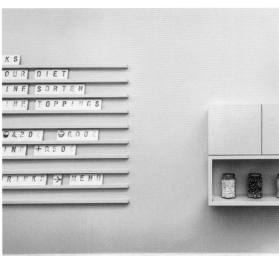

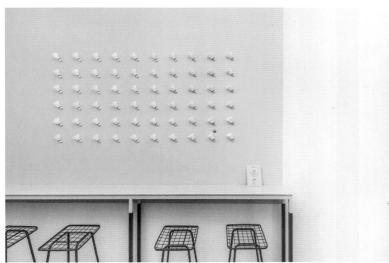

蝶矢

LUCY ALTER DESIGN, inc.

日本，京都市

33 平方米

2018 年

LUCY ALTER DESIGN, inc. 完成了梅酒体验专卖店"蝶矢"的概念设计、室内设计及产品线设计。这家店为日本当地及海外人士推出了高品质的梅子产品。

大型落地窗向路人展示了商店的整个内部空间，人们可以非常清楚地看到店内的装饰和产品。店门前还摆放了两个长凳，天气好的时候，顾客可以坐在店外品尝梅子产品。

店面的整体设计为极简主义风格。设计团队以白色为主色调，这与品牌包装的风格十分相配。白色的吧台位于空间中央，与实木色的橱柜和餐具相呼应。设计团队在产品展示区摆放了几个装满梅子和金平糖的玻璃容器，摆满产品包装的墙面十分吸睛。

在蝶矢，顾客可以挑选几种对身体有益的材料（5 种梅子、5 种糖和 4 种清酒），

加入自己带来的糖浆和梅子酒。这一系列的操作很容易让人们联想到他们与家人之间的美好回忆——在淅淅沥沥的雨季，人们去祖母家的花园采摘梅子，然后用它们酿制梅酒。从树枝上摘下梅子，放在篮子中，洗干净，然后放入瓶子，泡在糖水里——母亲做的梅子苏打水是如此甘甜，让人难忘。

Jayde's Market

Project M Plus

美国，洛杉矶市

591 平方米

2018 年

几年前，雄心勃勃的普莱杰家族诞生了一个可爱的女婴。只是这个女婴并不知道，一个新的市场品牌即将面向公众开放，而且这个品牌是以她的名字命名的。"我们与业主商议对现有建筑进行改造，重新构思如何使用空间。"Project M Plus 的首席设计师和联合创始人麦克沙恩·默南（McShane Murnane）说道，"我们模仿温室设计了一个新的切入点，温室给人以生机勃勃的印象，奠定了整个市场的基调。"

设计团队选择了这个昏暗、破旧的商业街店面，为了让市场透透气，他们将自然光线从天窗和层叠的垂饰引入内部空间，并设计了一个招牌灯箱照亮道路。这些都是模仿欧洲的小型市场设计的，这种类型的市场在洛杉矶是找不到的。

咖啡区和花店设在附属建筑内。在这个区域，"人"字形瓷砖地板、白色橡木镶板、电镀花瓶和黄铜饰面带有浓厚的欧式风格，定制的白色橡木搁架给人一种置身农舍的感觉，著名厨师的语录为透明的冰箱门增色不少。

设计团队关于标识设计的奇思妙想引领访客走进市场。这有一个温馨的酒屋，定制的马赛克瓷砖以多种语言迎接来访的顾客，侍酒师在一旁为精心挑选葡萄酒和烈性酒的顾客提供帮助。人们可以停下来喝杯咖啡并品尝新鲜出炉的糕点，与邻居们混在一起享受明媚的阳光，然后精心挑选各国美食来填饱自己的肚子。

Ground, dripped,
steamed, iced,
brewed, milked,
baked, melted,
buttered, ready to
chase the day.

JAYDESMARKET.COM

HI-LO 便利店

Project M Plus
美国，卡尔弗城
149 平方米
2014 年

HI-LO 便利店是这个街区的升级改造项目。虽然店铺的决策者是业主，但这个空间的实体概念却是由 Project M Plus 提出的。他们想要打造一家售卖酒类和杂货的便利商店，售卖的产品从品质上乘的肯塔基威士忌到季节啤酒，再到水果制品、香肠、乳制品、冷冻食品、杂货等，内容极其丰富。

这是一个充满对比和矛盾的空间，设计团队创造了一个高级的欧式店面——选用

大胆的复古红色与白色搭配制作了招牌，在整条街上非常醒目，引人驻足。黄铜镀金烛台和邮筒等细节设计为空间增添了一抹古典韵味，招牌使用手绘字，传达出一种真诚、谦卑的态度。店门口的瓷砖座右铭可以使顾客感受到 HI-LO 的实用理念。

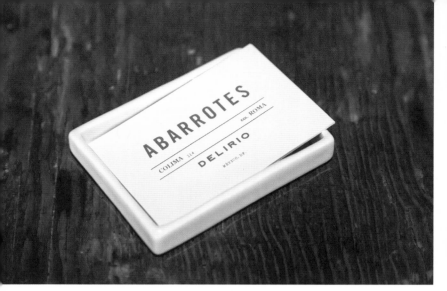

Abarrotes Delirio 食品店

Savvy Studio
墨西哥，墨西哥城
2013 年

Abarrotes Delirio 食品店位于墨西哥城的 Roma Norte 街区内。Abarrotes Delirio 的品牌理念建立在原汁原味、特色实惠的食材基础上，设计团队的目标是通过品牌形象和室内设计传达食品店的理念。设计方案复制了新美食文化所提倡的生活方式——将街边小吃与传统美食整合到一个食品店中。

品牌标识形式（分为静态和可调节两种形式）的理想组合使不断变化的产品供应形式变得更加灵活。设计团队将货架上精心制作的产品绘制成图形样式，并将它们融入到品牌标识的设计中，而品牌标识中的每种元素又都有特定的用途。

设计师在整个设计过程中力求展现食品店温馨、惬意的精髓，为顾客提供一个简约、安静的庇护所。

PANADERÍA

Baguette Tradicional
Campestre Rústico
Campestre con Aceitunas
Integral & Ciabatta

Car...
Rol...

QUESOS

Semiduro de Oveja, Gruyère,
Mozarella Fresco, Gorgonzola,
Ramonetti Doble Crema,
Chihuahua, Real del Castillo,
Brie & Camembert

Selección de pequeños productores,
en su mayoría nacionales.

ABARROTES
DELIRIO

ÁBADO

0pm

Kostarelos 杂货店

STIRIXIS Group

希腊，雅典市

98 平方米

2015 年

自 1937 年以来，Kostarelos 家族一直致力于生产精美的奶酪和乳制品。位于雅典的旗舰店是由 STIRIXIS Group 设计完成的，他们最初的目标是将购买美食与坐下来品尝美食结合起来。最终店铺在设计和概念上很好地满足了顾客对于这两种体验的需求。

STIRIXIS Group 设计团队运用能凸显企业价值观的细节来营造美观、舒适的店内环境——精美的墙面覆以木料，这些木料来源于用来盛装工厂陈年奶酪的山毛榉木制奶酪桶；墙上的巨大吊灯很像奶酪桶的金属箍；地板砖的色彩则参考了希腊国旗的配色。墙面的图形样式由奶酪、冷盘、小麦和传统希腊桌布上的格子组成。

除了负责新店的空间和品牌设计之外，STIRIXIS Group 还为品牌的整体发展提供

了多方面的服务,例如品牌概念传播、顾客体验和经营策略,以此为客户提供全方位的支持,最大限度地提高他们的投资回报。走进店内的顾客会在温馨的环境中获得难忘的购物体验。

BENTO 寿司便当店

id inc. (Seiji Oguri, Yohei Oki), SKG CO., LTD. (Makoto Sukegawa)

日本，东京市

11 平方米

2018 年

作为 Wakahiro Inc. 旗下的全新寿司便当品牌，BENTO 寿司以其卷状寿司和烤鲭鱼寿司而闻名。秉持将寿司便当打造成行业标杆的热情，Wakahiro Inc. 开创了这一品牌，并希望人们在购买便当这样普通的食物时，也能品尝到他们的高品质寿司。

在商店的内墙上，菱形的白色瓷砖镶嵌在卷曲的金属板上。乍看之下，这只是一种室内装潢形式，但是从不同的角度来看，会使人联想到卷状的寿司。此外，木箱般的造型有助于将人们的注意力吸引到陈列柜上，并给人留下干净、有序的印象。

标识设计从日本传统的家族徽章中汲取灵感，融合了平假名"す (su)"和"し (shi)"、日文汉字"弁 (ben)"，以及筷子和卷状寿司的造型。

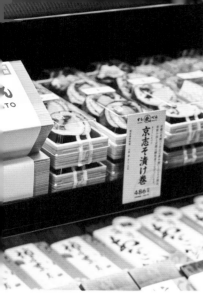

Villa de Patos

Savvy Studio
墨西哥，萨尔提略市
2013 年

Villa de Patos 创立于 1980 年，是一个致力于提供高端、自然和健康产品的品牌。旗下产品无论是果汁、奶酪，还是墨西哥糖果，都是用传统技术生产出来的。鉴于这家商店储存的产品比其他分店多，设计师需要打造一个更大的餐吧——一个能够展示更多产品的区域，以及室内外休息区。

Villa de Patos 将保留产品的传统和纯粹作为品牌理念，这一理念同样被表现在空间设计中。照明设计以网格为基础，将照明装置裸露在外。考虑到空间的属性，家具设计旨在提供最佳的灵活性，允许在空间内完成多种配置。产品展示采用了一种特别的方式，每个产品都有自己的标签。设计师绘制了产品插图和复古文字以丰富品牌标识和其他宣传材料。最终 Savvy Studio 完成了 Villa de Patos 的品牌设计、室内设计、包装设计和广告设计。

VILLA de PATOS®
— Desde 1980 —

Horario

Lunes a Viernes 10 am - 8 pm
Sábado 10 am - 3 pm

Jugen 天然果汁店

Anagrama

墨西哥，圣佩德罗加尔萨加西
卡市

65 平方米

2014 年

Jugen 是一个专注于用天然食材和优质食物制做果汁的品牌。Jugen 的产品是为身体净化、疗愈和排毒而设计的，因此设计团队从古代的草药瓶中汲取灵感，打造了一个干净、现代的店面。

这家店看起来很像一个现代实验室，好似一个介于酒吧和药店之间的空间。店内采用自然光照明，连同郁郁葱葱的植被、实验室设备和烧瓶、多元化的书籍，共

同营造了一个自然、温暖并具有包容性的空间。

同时，设计团队还用一种愉悦、友好的方式为这家店设计了一个传递健康、幸福和美味的品牌标识。

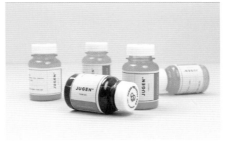

对话设计师

您平时设计工作的重点是偏向室内设计还是品牌设计？当您第一次尝试同时负责一个项目的室内与品牌设计时，您面临的最大挑战是什么？

id inc. 是一个团队。Oguri 主要负责平面设计工作。至于谁来主导相关的设计工作，取决于项目本身。Ki 咖啡馆是我们接手的第一个既有室内设计又有平面设计的项目。项目的侧重点在于室内设计，因此我们决定在平面设计中体现室内设计的元素。首先，我们以家具造型为灵感设计出品牌标识，并以此为基础衍生出新的字体。为了在平面设计中传达我们在室内设计上的用意，我们进行了反复讨论，设定共同的目标，完成设计任务。室内设计和平面设计是由两个不同的团队负责的，因而很难设定共同的目标，但是我们认为高度的专业性有助于提高项目的设计品质。

id inc.

··

与 id inc. 联合创始人 Seiji Oguri 的对话

id inc. 是由设计师 Seiji Oguri 和 Yohei Oki 于 2013 年创立的设计工作室。他们致力于提供真正的设计，唤起室内设计、产品设计和平面设计等领域的信念和情感。

与其他产品类型相比较，为一个食品品牌设计空间并完成平面设计最大的不同是什么？

在处理食物时，我们会选择看上去美味可口的食物。从照明和包装中提取诸多要素，呈现令人印象深刻的设计。

是否有品牌方（客户）提出过特殊的设计要求？您是如何满足客户的？

Ki 咖啡馆的业主提出了两个相互矛盾的要求，他们既想要一个美术馆一样的空间，又希望能在空间中摆满植物。纯白色的空间并不会给顾客带来轻松的感受。另一方面，如果空间到处都是植物，反而需要进行更多的维护工作。于是我们决定将桌腿向上延伸，打造成树枝造型，便解决了上述问题。因此，Ki 咖啡馆兼具美术馆和工作室的功能，不仅摆放了绘画作品，还进行了花艺展示。这也是一个以树枝为灵感打造的空间。

在投入的时间配比方面，同时兼顾室内设计和平面设计是否有很大的困难？您是如何调配时间和先后顺序的？

室内设计和平面设计通常是由不同的设计师负责的，因此我们需要自行管理时间。两位设计师（或两个团队）需要简化那些可以简化的内容，并尝试用更多的时间进行论证。建立模型给我们带来了很多的新发现。

食品店品牌设计的关键点是什么？

让食物看起来美味可口很重要。另外，我们力求通过设计帮助客户传达品牌理念。

设计师如何确保平面和品牌设计与室内设计之间的关联性？

我们用一贯的视角精心设计每一个项目，重视设计的一致性。具体来说，我们努力使室内设计所用到的颜色与平面设计所用的色彩保持一致；另一方面，我们希望保留室内设计和平面设计各自的优势。

如何确保您设计的所有元素都符合品牌的核心理念？

从根本上说，我们需要明确地表现品牌想要传达的东西。毋庸置疑的是，设计与品牌的信息是一致的。我们不会用不相关的元素进行设计。我们很看重品牌想要传达的东西。

在您看来，设计师在一个食品店的品牌推广方面扮演着什么样的角色？您希望通过您的设计给品牌带来怎样的助力？

我们认为，设计师或设计团队的作用是站在不同的角度做出决定。顾客的感受及隐藏的美只能从外面看出来。我们想要表达的是准确地将品牌的理念和美感展现给更多的人。

您未来在店铺品牌设计方面的目标是什么?

我想通过设计获得量化的成果。为了实现这一目标,我认为与摄影、商业、影视、营销等领域的专业人士合作非常重要。

关于食品店的品牌与空间设计,您还有什么想要表达的?

我们觉得,食品店的设计也要将顾客把食物放入口中的最后时刻考虑在内。同时,我们认为食品店的室内设计和平面设计同样重要。另外,更重要的是要知道你能做些什么来展现食品店之美。

您平时设计工作的重点是偏向室内设计还是品牌设计？当您第一次尝试同时负责一个项目的室内与品牌设计时，您面临的最大挑战是什么？

我们通常以团队为单位开展项目。我们的团队由室内设计师和平面设计师组成，因此他们的想法在设计过程中都有所体现。我们面临的最大挑战是发掘项目背后的故事，并以此作为整个项目的基础和核心思想，然后便可以从不同的方向开展各自的设计工作。

TOC. designstudio

与 TOC. designstudio 联合创始人 Torsten Haardt 的对话

TOC. designstudio 是一家位于德国纽伦堡市的充满趣味的工作室。TOC 是"创意转移"的缩写，这也是他们的设计宗旨：横向思维、多领域组合、狂野和热烈，并将客户希望获得的最理想的效果铭记于心。

与其他产品类型相比较，为一个食品品牌设计空间并完成平面设计最大的不同是什么？

对我们来说，没有区别。我们开发的任何项目都要成为令人满意而且特别的作品。设计需要充满感情。我们对待食品品牌和其他品牌没有区别。

是否有品牌方（客户）提出过特殊的设计要求？您是如何满足客户的？

当然，客户也会有特殊要求。我们需要认真倾听，了解客户及他们的需求。事实上，铭记客户的要求并设计出兼具实用性和美观性的项目是设计中非常重要的一部分。

在投入的时间配比方面，同时兼顾室内设计和平面设计是否有很大的困难？您是如何调配时间和先后顺序的？

在概念设计阶段，室内设计和平面设计要同步进行。我们认为这一点非常重要，因为室内设计和平面设计需要相互配合。进入下一个阶段后，室内设计和平面设计的工作开始朝着各自的方向展开。室内设计工作将继续加快速度，品牌设计、网页设计等工作则需要更多的时间。

食品店品牌设计的关键点是什么？

对于任何一个项目来说，找到正确的设计架构是非常重要的。首先，我们需要传达项目的精神。我们可以继续讲述与客户的愿景有关的故事。借助神秘或令人意外的场景，我们的项目将给顾客带来持久、美妙的体验。

设计师如何确保平面和品牌设计与室内设计之间的关联性？

平面设计师和室内设计师不断地就这一项目进行沟通。在设计过程中，他们反复核验最初的想法和项目的精神是否在设计中得以体现。只有当设计效果获得各方认可时，才能将其呈现给客户。

如何确保您设计的所有元素都符合品牌的核心理念？

项目设计期间，我们会将与项目核心理念有关的文件放在显眼的地方。墙壁和插针板上布满了初始设计的效果展示。我们会始终以项目的核心理念为设计基础。

在您看来，设计师在一个食品店的品牌推广方面扮演着什么样的角色？您希望通过您的设计给品牌带来怎样的助力？

我们有时会觉得自己促成了一个品牌或是食品店的诞生。我们帮助客户发掘故事，完成可视化设计，并且赋予品牌或食品店全新的面貌。

您未来在店铺品牌设计方面的目标是什么？

我们的目标是秉持同样的态度对待每一个项目，并将它们转化为出色的可持续项目。

您平时设计工作的重点是偏向室内设计还是品牌设计？当您第一次尝试同时负责一个项目的室内与品牌设计时，您面临的最大挑战是什么？

完成一个室内设计项目可能需要好几个月的时间，因此我在一年内完成的平面设计项目要比室内设计项目多很多。对我来说，最大的挑战是在平面设计和室内设计工作由不同的设计师负责的情况下，需要达到一体化的设计效果。只有在兼顾室内设计和平面设计时，我的头脑中才会出现完整的画面。

kissmiklos

与 kissmiklos 创始人 Miklós Kiss 的对话

Miklós Kiss 的作品融合了建筑、美术等各个方面，他的作品展现了强有力的艺术手法和卓越的审美。

与其他产品类型相比较，为一个食品品牌设计空间并完成平面设计最大的不同是什么？

没有任何区别，我们以同样的方式处理每个项目。

是否有品牌方（客户）提出过特殊的设计要求？您是如何满足客户的？

在设计工作开始之前，我会尽可能地收集更多的信息，以找准需要解决的问题并明确客户的目标。我希望客户可以完全信任我，让我自由发挥。我的合作者一定要有强而有力的设计理念。通常来说，"客户不知道自己想要什么"的情况并不多见，但一旦遇到这种情况，我就必须与客户会面，重新探讨他们的理念，以找到存在的问题，确定品牌设计方案。

在投入的时间配比方面，同时兼顾室内设计和平面设计是否有很大的困难？您是如何调配时间和先后顺序的？

我擅长同时处理多项任务。通常情况下，在同一时间段内我会处理 3~4 个不同的项目。在日常工作中，我会同时展开多个任务，但一次只专注于一个任务。只有当我完成一个任务后才会开始下一个任务。

食品店品牌设计的关键点是什么？

在我看来，建立产品与设计之间的强大联系是使食品店品牌化的关键。首先，我会研究设计的主题。在我坐下来设计之前，我必须要弄清楚主题。设计策略始于强大而可靠的主题——可以回答所有问题并向客户传达正确的信息。

设计师如何确保平面和品牌设计与室内设计之间的关联性？

概念与协调是非常重要的。在我的作品中，一切都是相通的。你可以在室内设计和品牌形象设计中找到相同的图形、色彩和感觉。

如何确保您设计的所有元素都符合品牌的核心理念？

多数客户都有打造一个全新场所或产品的想法，我与既有品牌合作的机会并不多。与更多的新品牌合作给了我们自由，因为我们可以从一开始就弄清楚品牌想要传达的理念。如果是为已经存在的品牌进行设计，我的任务就是更新他们的设计。在这种情况下，我会追根溯源，从基础理念入手开始设计。

在您看来，设计师在一个食品店的品牌推广方面扮演着什么样的角色？您希望通过您的设计给品牌带来怎样的助力？

多数设计师都有自己的风格。在进行设计的时候，个人的品味、风格和思维方式都会给最终的设计带来巨大的影响。对于我来说，我想赋予每个品牌更深层次的意义、强有力的品牌形象和令人难忘的风格。

您未来在店铺品牌设计方面的目标是什么？

我希望自己可以为已经闻名世界的品牌服务，改变他们已有的设计。此外，我想创造更多的标志性场所和品牌。

关于食品店的品牌与空间设计，您还有什么想要表达的？

少即是多。

您平时设计工作的重点是偏向室内设计还是品牌设计？当您第一次尝试同时负责一个项目的室内与品牌设计时，您面临的最大挑战是什么？

Union Atelier
（合聿设计工作室）

与 Union Atelier（合聿设计工作室）执行总监
林旻汉的对话

Union Atelier（合聿设计工作室）强调将空间设计与品牌规划两大主要设计服务相结合，制定全面性的整合规划，以国际化的设计思维，结合欧美当代设计趋势与本土文化，创造独有的设计风格。聿，在甲骨文中代表着人类用手握着笔的动作，也是我们所有创作的第一步。

我认为品牌设计与室内设计是齐头并进的，如果没有好的空间氛围，顾客便不会对品牌留下深刻印象；同样的，如果没有好的品牌形象，就不会让人对品牌产生浓厚兴趣。这是一体两面的，我甚至认为这不应该由不同公司分开完成，而应该让同一团队操刀。

当我第一次同时负责一个项目的室内与品牌设计时，最大的挑战就是如何将两大主题完整结合，即从 2D 转化至 3D，再从 3D 转回 2D，同时还要思考什么颜色适合这个空间的氛围，且颜色出现在品牌的包装上又是亮眼的。当时我做了非常多的功课，从业主平时上下班的方式，到客户群以及价格定位，甚至到日后开店播放的音乐都一并纳入我的设计中。

与其他产品类型相比较，为一个食品品牌设计空间并完成平面设计最大的不同是什么？

一家食品店最重要的就是要让客人感觉它售卖的实物是干净的、让人放心的，因此设计师在完成平面设计的同时必须注重包装的实用性，并且要保证配色让人充满食欲。

是否有品牌方（客户）提出过特殊的设计要求？您是如何满足客户的？

我设计过的品牌类型实在太多了，其实每一个客户提出的设计要求都是特殊的，每一个品牌需要与顾客强调和传达的地方都不尽相同，我需要仔细倾听客户的需求及品牌故事，利用设计的手法将重点放大，尽可能去解决客户提出的问题，并发现客户没有想到的问题。

在投入的时间配比方面，同时兼顾室内设计和平面设计是否有很大的困难？您是如何调配时间和先后顺序的？

同时兼顾确实有很大困难，毕竟要全盘思考，完全整合，不能互相抵触的同时还要兼顾各自的特色。一般来说，我调配的顺序是先与客户进行沟通，尽可能地搜集品牌的核心信息及需求，之后会先进行品牌的整体定位，从品牌名称及商标入手，同时构思空间设计的元素如何与品牌形象进行搭配。这是相当大而又细致的工作内容，也感谢我的平面设计团队以及空间设计团队与我配合并完成最终的设计。

食品店品牌设计的关键点是什么？

食品店的品牌设计关键点肯定是与其他竞争品牌做出差异化，食品店的市场在全球各处其实都已经相当饱和，对于过度创新的食材或者食品，其实大众的接受度并没有想象中那么大。虽然这些品牌对食品进行屡次创新，但单纯为了将大众习惯的食品以不同形式来呈现而创新，我认为是很难长久的，因为可能当顾客的新鲜感过了之后就很难再维持热度。在我看来，关键点还是如何让品牌在一片雷同的市场中独树一帜，即使食品本身并无太特别的地方，但品牌规划、包装设计、招牌设计、菜单排版等细节都是能勾起顾客购买欲的关键。有相当多的老品牌通过重新设计和规划后成为当下最火的品牌或店铺，这就是很好的例子。

设计师如何确保平面和品牌设计与室内设计之间的关联性？

设计师必须不时地从头审阅自己的设计是否完整，思考品牌设计与室内设计是否紧密结合，有无任何违和的地方。每一个阶段都要设定一个复审的时间点，并且这些复审都要与客户一起协同进行，在设计尚未完成之前，任何的修正及调整都是值得的，都是为了最后打造一个成功的品牌。

如何确保您设计的所有元素都符合品牌的核心理念？

一个很简单的方式是先看元素与元素之间是否协调，完整性是否足够，若有其中一个元素与其他元素是不和谐的，就必须审视该元素是否需要调整。在每一个细节都调整精确之后，我们必定能完整地勾勒出品牌的轮廓，也能够准确地向每一位顾客传达品牌的方向及理念。

在您看来，设计师在一个食品店的品牌推广方面扮演着什么样的角色？您希望通过您的设计给品牌带来怎样的助力？

如果把品牌比喻为一道菜，我认为设计师在其中是扮演着餐具的角色——当一个品牌如同一道用心制作的菜肴，若没有精美的容器去呈现它，是不会让人食指大动的。想想看，厨师把菜肴做得再好，若是将食物直接放在桌上要顾客用手去抓，想想就没胃口了吧？人都是感官动物，用餐如同一道仪式，倘若设计师可以透过设计，赋予食品店漂亮的餐具和美好的用餐氛围，则更能让人专注于食品本身。

您未来在店铺品牌设计方面的目标是什么？

关于自己未来的目标，我当然是希望世界各地都能有我打造的店铺，并且都能吸引大批顾客上门，让我能成为知名店铺的保证，并且也希望能够拥有自己的设计追随者，让更多人能因为我的设计而去造访，甚至更深入地了解某个店铺品牌。

关于食品店的品牌与空间设计，您还有什么想要表达的？

各行各业皆有自己独占的市场，但唯有食品是大众市场。一个品牌的诞生不难，但如何让品牌充满创意、不被淹没，就需要透过设计打造出"品牌中的品牌"。

名录

35 GRAMMI

摄影：Alessandro Zompanti
客户：35 GRAMMI | cornetteria

Abarrotes Delirio 食品店

摄影：Savvy Studio

Alex 法式甜点店

摄影：合聿设计工作室
客户：Pâtisserie ALEX

Belle Époque 烘焙店

摄影：Mind Design
客户：Belle Époque

BENTO 寿司便当店

摄影：shuntaro (bird and insect ltd.)
客户：Wakahiro Inc.

BLANCHIR 蛋糕店

摄影：PhotoBox (Atsushi Kamiya)
客户：Tsukasa Suzuki

cadeau de rincotté 蛋糕店

摄影：PhotoBox (Atsushi Kamiya)
客户：Manabu Ninakawa

Casca 手工巧克力吧

摄影：Lackó Szögi
客户：Róbert Ádok, Csaba Harmath, György Varga

Ciambelleria Alonzi 烘焙店

摄影：P.E. Bellisario
客户：Ciambelleria Alonzi e figli snc

Citizen Sprout 食品店

摄影：Project M Plus (Meiwen See)
客户：Jennifer Jewett

Coconut Pastelería 烘焙店

摄影：Nihil Estudio
客户：Coconut Pastelería

DON JUAN 咖啡 & 蛋糕店

摄影：Vladimir Paripovic

El Moro 餐厅

摄影：Moritz Bernoully
客户：Francisco and Santiago Iriarte

Es-T 法式糕点店

摄影：PhotoBox (Atsushi Kamiya)
客户：Masato Shiba

Gard' Ann 法式甜品店

摄影：Bálint Jaksa, Eszter Sarah
客户：Gard' Ann Patisserie

Gaudenti 1971—Vittorio Emanuele II

摄影：Pepefotografia

客户：La dolce passione s.r.l.

HI-LO 便利店

摄影：Bonnie Tsang

客户：Talmadge Lowe and Chris Harris

Jayde' s Market

摄影：Project M Plus (Meiwen See)

客户：Thomas Plejer

Jugen 天然果汁店

摄影：Caroga Foto

客户：Jugen

Julieta, Pan & Café

摄影：vitale

客户：Julieta, Pan & Café

Ki 咖啡店

摄影：Norihito Yamauchi

客户：Cafe Ki

Kinber Made 金帛手制

摄影：Kinber Made, Filter017, Straight Design

客户：Kinber Made

Kostarelos 杂货店

摄影：Konstantinos Kontos

客户：Kostarelos Chr. Sons & Co I.P.

Laura' s 烘焙店

摄影：Johannes Torpe Studios

客户：Laura' s Bakery

Lust auf Vollkorn 概念店

摄影：TOC. designstudio

客户：Pema Vollkorn-Spezialitäten, Heinrich Leupoldt KG

Maison Marou 食品店

摄影：Bite Studio (Wing Chan)

客户：Marou Faiseurs De Chocolat

Maui Pops 冰棒店

摄影：Brandon Archibald

客户：USAI Investments

Meet Mia 面包店

摄影：Marita Bonačić

客户：Mia Salman

Mélimélo 糕点店

摄影：Daniela Arcila

客户：Ana Karina Orellana

Milk Land

摄影：Yukihide Nakano

客户：Hokuren

Mister Baker 面包店

摄影：Mike Hook

客户：Mister Baker

Mökki 餐厅

摄影：Gareth Gardner

客户：Ritz-Carlton Hotels and Resorts

Motín 咖啡店

摄影：Rodrigo Chapa

NUMOROUS 甜品实验室

摄影：PhotoBox (Atsushi Kamiya)

客户：Yasuhiro Otsuka

Prossima Fermata 冰激凌车间

摄影：Federico Villa

客户：PROSSIMA FERMATA – Laboratorio di gelateria

RL

摄影：合聿设计工作室

客户：Chun Rui Co., Ltd.

Sabah 食品店

摄影：Rodrigo Chapa

客户：Sabah

Softsrve 冰激凌店

摄影：Wunderwall Design

客户：Softsrve

Spooning Cookie Dough Bar

摄影：Patrick Nitzsche

客户：Spooning Cookie Dough GmbH

Tafelzier 法式蛋糕店

摄影：TOC. designstudio, Cristopher Civitillo

客户：El Paradiso Patisserie GmbH

Temper 巧克力 & 糕点店

摄影：Janis Nicolay

客户：Temper

Villa de Patos

摄影：Savvy Studio

客户：Villa de Patos

Winter Milk 冰激凌店

摄影：Caroga Foto

客户：Winter Milk

ZERO-E 冰激凌店

摄影：Alessandro Zompanti

客户：ZERO-E srl

本宫 PavoMea

摄影：王英飞、杨峰

客户：PavoMea Co., Ltd

丹尼尔烘焙店

....

摄影 : Marion Luttenberger, Michael Königshofer

客户 : Hotels Daniel, Wiesler BetriebsgesmbH

蝶矢

....

摄影 : Mikito Tanimoto

客户 : Choya Umeshu Co., Ltd.

烘焙之家

....

摄影 : Home Bakery

客户 : Home Bakery

蜜糖

....

摄影 : 朴言

客户 : M 糖甜品

麵粉和言烘焙店

....

摄影 : Taiwan Land Development Group, Pentagram

客户 : Flour and Salt Bakery

小怡

....

摄影 : 陈少聪、梁嘉豪、黄云生

客户 : 小怡蛋糕咖啡简餐

丸善制茶专门店

....

摄影 : Mikito Tanimoto

客户 : Maruzen Tea Co., Ltd

索引

图书在版编目(CIP)数据

食品店品牌与空间设计／（意）保罗·埃米利奥·贝利萨里奥编；潘潇潇译 .—桂林：广西师范大学出版社，2019.6

ISBN 978－7－5598－1711－2

Ⅰ . ①食… Ⅱ . ①保… ②潘… Ⅲ . ①食品－商店－室内装饰设计 Ⅳ . ① TU247.2

中国版本图书馆 CIP 数据核字 (2019) 第 058308 号

出 品 人：刘广汉
责任编辑：肖　莉
助理编辑：杨子玉
版式设计：马韵蕾

广西师范大学出版社出版发行

（广西桂林市五里店路 9 号　　邮政编码：541004）
（网址：http://www.bbtpress.com）

出版人：张艺兵
全国新华书店经销

销售热线：021－65200318　021－31260822－898

恒美印务（广州）有限公司印刷

（广州市南沙区环市大道南路 334 号　邮政编码:511458）

开本：889mm×1 194mm　　1/16

印张：15.5　　　　　　　字数：248 千字

2019 年 6 月第 1 版　　　2019 年 6 月第 1 次印刷

定价：158.00 元